JN021234

第一級陸上特殊無線技士

一陸特

合格精選

420題 **試験問題集**

第**4**集 吉川忠久 著

東京電機大学出版局

はじめに

合格をめざして

　第一級陸上特殊無線技士（一陸特）の免許は，固定通信を行う固定局や人工衛星と通信を行う地球局などの無線局の無線設備を運用する無線従事者として必要な資格です．あるいは，無線設備のメーカーなどが総務大臣の登録を受けて，無線局の点検を行う登録検査等事業者において，点検員として必要な資格です．

　そこで，国家試験においては，これらに勤務するエンジニアとして必要な知識があるかどうかが判断されます．したがって，国家試験に合格すれば，必要な知識を持っていることが証明されるわけです．

国家試験は，合格するためにあるのです！

　効率よく国家試験に合格するには，これまでに出題された問題をまとめた既出問題集で学習することが，最も有効な学習法です．

　第3集が出版されてから，数年が経過しています．国家試験の出題範囲などの状況は変わっていませんが，多数の新しい問題が出題されています．そこで，本書では，最新の問題を厳選して収録しました．また，最近の出題傾向としては，類題が多く出題されていますので，内容がほとんど同じ問題でも誤りやすい類題は収録しました．

　本書は国家試験の最新問題集なので問題の種類や解説の内容が不十分な部分もあります．姉妹書である『一陸特　集中ゼミ』は国家試験の出題範囲の内容を簡潔にまとめてあります．

　本書を繰り返し学習すれば，合格点をとる力は十分つきますが，姉妹書と合わせて学習することをお勧めします．

　また，マスコットキャラクターが，問題のヒントや解説のポイントなどを教えてくれますので，楽しく学習して一陸特の資格を取得しましょう．

一陸特を取ろう！

2020年3月

筆者しるす

もくじ

合格のための本書の使い方

　無線従事者国家試験の出題の形式は，マークシートによる多肢選択式の試験問題です．学習の方法も問題形式に合わせて対応していかなければなりません．

　国家試験問題を解く際に，特に注意が必要なことをあげると，

1　どのような範囲から出題されるかを知る．
2　問題の中でどこがポイントかを知る．
3　計算問題は必要な公式を覚える．
4　問題文をよく読んで問題の構成を知る．
5　わかりにくい問題は繰り返し学習する．

本書は，これらのポイントに基づいて，効率よく学習できるように構成されています．

ページの表に問題・裏に解答解説

　まず，問題を解いてみましょう．

　次に，問題のすぐ次のページに解答が，必要に応じて解説（ミニ解説もあります.）も収録されていますので，答を確かめてください．間違った問題は問題文と解説をよく読んで，内容をよく理解してから次の問題に進んでください．

　また，問題のヒントや解説のポイントなどはマスコットキャラクターが教えてくれますので，楽しく学習することができます．

国家試験の傾向に沿った問題をセレクト

　問題は，国家試験の既出問題およびその類題をセレクトし，各項目別にまとめてあります．

　また，国家試験の出題に合わせて各項目の問題数を決めてありますので，出題される範囲をバランスよく効率的に学習することができます．

チェックボックスを活用しよう

　各問題には，チェックボックスがあります．正解した問題をチェックするか，あるいは正解できなかった問題をチェックするなど，工夫して活用してください．

　チェックボックスを活用して，不得意な問題が確実にできるようになるまで，繰り返し学習してください．

問題をよく読んで

解答がわかりにくい問題では，問題文をよく読んで問題の意味を理解してください．何を問われているのかが理解できれば，選択肢もおのずと絞られてきます．すべての問題について正解するために必要な知識がなくても，ある程度正解に近づくことができます．

また，穴埋め問題では，問題の穴以外の部分も穴埋めになって出題されることがありますので，穴埋めの部分のみを覚えるのではなく，それ以外のところも理解し，覚えてください．特に，他の試験問題で異なる部分が穴埋め問題として出題された用語については，**太字**で示してあります．それらの用語も合わせて学習してください．

解説をよく読んで

問題の解説では，その問題に必要な知識を取り上げるとともに，類題が出題されたときにも対応できるように，必要な内容を説明してありますので，合わせて学習してください．

計算問題では，必要な公式を示してあります．公式は覚えておいて，類題に対応できるようにしてください．

解説またはミニ解説内の（正）は，問題の選択肢のうちの誤っている部分を正しく直した記述ですので，その内容を覚えてください．

いつでも・どこでも・繰り返し

学習の基本は，何度も繰り返し学習して覚えることです．

いつでも本書を持ち歩いて，すこしでも時間があれば本書を取り出して学習してください．案外，短時間でも集中して学習すると効果が上がるものです．

本書は，すべての分野を完璧に学習できることを目指して構成されているわけではありません．したがって，新しい傾向の問題もすべて解答できる実力がつくとはいえないでしょう．しかし，本書を活用することによって国家試験で合格点（60％）をとる力は十分につきます．

やみくもにいくつもの本を読みあさるより，本書の内容を繰り返し学習することが効率よく合格するこつです．

傾向と対策

試験問題の形式と合格点

科目	問題の形式	問題数	配点	満点	合格点
無線工学	4または5肢択一式	24	1問5点	120点	75点以上
法規	4肢択一式	12	1問5点	60点	40点以上

　無線工学および法規の試験は，両方の科目の問題が同時に配付されて実施されます．試験時間は3時間です．なお，答案はマークシートに記入します．
　本書の問題は，国家試験の問題と同じ形式で構成されていますので，問題を学習するうちに問題の形式に慣れることができます．

各項目ごとの問題数

　効率よく合格するには，どの項目から何問出題されるかを把握しておき，確実に合格ライン（60％）に到達できるように学習しなければなりません．
　各試験科目で出題される項目と，各項目ごとの標準的な問題数を次表に示します．各項目の問題数は，試験期によってそれぞれ1問程度増減することがありますが，合計の問題数は変わりません．たとえば，「電波法の概要」の問題が出題されないときは，「無線局」の問題が2問出題されます．

無線工学

項　目	問題数
多重通信システム	3
基礎理論	4
変調	2
送受信装置	3
中継方式	2
レーダー	2
アンテナ	2
電波伝搬	3
電源	1
測定	2
合計	24

法規

項　目	問題数
電波法の概要	1
無線局	1
無線設備	3
無線従事者	1
無線局の運用	2
監督	3
書類	1
合計	12

試験問題の例を次に示します.

答案用紙記入上の注意:答案用紙のマーク欄には、正答と判断したものを一つだけマークすること。

第一級陸上特殊無線技士「無線工学」試験問題

24 問

〔1〕 次の記述は、静止衛星について述べたものである。このうち誤っているものを下の番号から選べ。

1 静止衛星の軌道は、赤道上空にあり、ほぼ円軌道である。
2 静止衛星までの距離は、地球の中心から約 36,000 キロメートルである。
3 静止衛星が地球を回る公転周期は地球の自転周期と同じであり、公転方向は地球の自転の方向と同一である。
4 三つの静止衛星を等間隔に配置すれば、南極、北極及びその周辺地域を除き、ほぼ全世界をサービスエリアにすることができる。

〔2〕 次の記述は、直交周波数分割多重(OFDM)伝送方式について述べたものである。□ 内に入れるべき字句の正しい組合せを下の番号から選べ。

(1) OFDM 伝送方式では、高速の伝送データを複数の □A□ な
データ列に分割し、複数のサブキャリアを用いて並列伝送を
行う。
(2) また、ガードインターバルを挿入することにより、マルチ
パスの遅延時間がガードインターバル長の □B□ であれば、
遅延波の干渉を効率よく回避できる。
(3) OFDM は、一般的に 3.9 世代移動通信システムと呼ばれる携
帯電話の通信規格である □C□ の下り回線などで利用され
ている。

	A	B	C
1	低速	範囲内	LTE
2	低速	範囲外	スペクトル拡散(SS)通信
3	より高速	範囲内	スペクトル拡散(SS)通信
4	より高速	範囲外	LTE

〔3〕 図に示す回路において、端子 ab 間に直流電圧を加えたところ、7.0〔Ω〕の抵抗に 1.5〔A〕の電流が流れた。端子 ab 間に加えられた電圧の値として、正しいものを下の番号から選べ。

1 12〔V〕
2 15〔V〕
3 19〔V〕
4 24〔V〕
5 28〔V〕

〔4〕 図に示す並列共振回路において、交流電源から流れる電流 I 及び X_C に流れる電流 I_{XC} の大きさの値の組合せとして、正しいものを下の番号から選べ。ただし、回路は、共振状態にあるものとする。

	I	I_{XC}
1	4〔A〕	5〔A〕
2	3〔A〕	10〔A〕
3	3〔A〕	5〔A〕
4	2〔A〕	10〔A〕
5	2〔A〕	5〔A〕

V :交流電源電圧
R :抵抗
X_C :容量リアクタンス
X_L :誘導リアクタンス

〔5〕 次の記述は、あるダイオードの特徴とその用途について述べたものである。この記述に該当するダイオードの名称として、正しいものを下の番号から選べ。

ヒ素やインジウムのような不純物の濃度が普通のシリコンダイオードの場合よ
り高く、逆方向電圧を上げていくと、ある電圧で急に大電流が流れるようになって、
それ以上、逆方向電圧を上げることができなくなる特性を有しており、電源回路等
に広く用いられている。

1 ピンダイオード
2 バラクタダイオード
3 ツェナーダイオード
4 ガンダイオード
5 トンネルダイオード

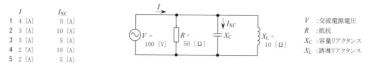

試験問題の一例(無線工学)(B4 判)

第一級陸上特殊無線技士「法規」試験問題

法　規　12問
無線工学　24問 ⎫ 3時間

　　解答は、答えとして正しいと判断したものを一つだけ選び、答案用紙の答欄に正しく記入（マーク）すること。

[1]　次の記述は、電波法の目的及び電波法に定める定義を述べたものである。電波法（第1条及び第2条）の規定に照らし、□内に入れるべき最も適切な字句の組合せを下の1から4までのうちから一つ選べ。

①　電波法は、電波の　A　な利用を確保することによって、公共の福祉を増進することを目的とする。
②　「無線設備」とは、無線電信、無線電話その他電波を送り、又は受けるための　B　をいう。
③　「無線従事者」とは、無線設備の　C　を行う者であって、総務大臣の免許を受けたものをいう。

	A	B	C
1	公平かつ能率的	通信設備	操作
2	有効かつ適正	通信設備	操作又はその監督
3	公平かつ能率的	電気的設備	操作又はその監督
4	有効かつ適正	電気的設備	操作

[2]　総務大臣から無線設備の変更の工事の許可を受けた免許人が、許可に係る無線設備を運用するために執らなければならない措置に関する次の記述のうち、電波法（第18条）の規定に照らし、この規定に定めるところに適合するものはどれか。下の1から4までのうちから一つ選べ。

1　無線設備の変更の工事を行った後、遅滞なくその工事が終了した旨を総務大臣に届け出なければならない。
2　無線設備の変更の工事を実施した旨を免許状の余白に記載し、その写しを総務大臣に提出しなければならない。
3　総務省令で定める場合を除き、総務大臣の検査を受け、無線設備の変更の工事の結果が許可の内容に適合していると認められなければならない。
4　登録検査等事業者 (注1) 又は登録外国点検事業者 (注2) の検査を受け、無線設備の変更の工事の結果が電波法第3章（無線設備）に定める技術基準に適合していると認められなければならない。
　　注1　電波法第24条の2（検査等事業者の登録）第1項の登録を受けた者をいう。
　　　2　電波法第24条の13（外国点検事業者の登録等）第1項の登録を受けた者をいう。

[3]　周波数測定装置の備付け等に関する次の記述のうち、電波法（第31条及び第37条）及び電波法施行規則（第11条の3）の規定に照らし、これらの規定に定めるところに適合しないものはどれか。下の1から4までのうちから一つ選べ。

1　総務省令で定める送信設備には、その誤差が使用周波数の許容偏差の2分の1以下である周波数測定装置を備え付けなければならない。
2　電波法第31条の規定により備え付けなければならない周波数測定装置は、その型式について、総務大臣の行う検定に合格したものでなければ、施設してはならない。ただし、総務大臣が行う検定に相当する型式検定に合格している機器その他の機器であって総務省令で定めるものを施設する場合は、この限りでない。
3　26.175MHzを超える周波数の電波を利用する送信設備には、電波法第31条に規定する周波数測定装置の備付けを要しない。
4　空中線電力50ワット以下の送信設備には、電波法第31条に規定する周波数測定装置の備付けを要しない。

試験問題の一例（法規）（B4判）

受験の手引き

実施時期　毎年2月，6月，10月

申請時期　2月の試験は，12月1日から12月20日まで

　　　　　　6月の試験は，4月1日から4月20日まで

　　　　　　10月の試験は，8月1日から8月20日まで

申請方法　（公財）日本無線協会（以下，「協会」といいます．）のホームページ（https://www.nichimu.or.jp/）からインターネットを利用してパソコンやスマートフォンを使って申請します．

申請時に提出する写真　デジタルカメラなどで撮影した顔写真を試験申請に際してアップロード（登録）します．受験の際には，顔写真の持参は不要です．

インターネットによる申請　インターネットを利用して申請手続きを行うときの流れを次に示します．

① 協会のホームページから「無線従事者国家試験等申請・受付システム」にアクセスします．

② 「個人情報の取り扱いについて」をよく確認し，同意される場合は，「同意する」チェックボックスを選択の上，「申請開始」へ進みます．

③ 初めての申請またはユーザ未登録の申請者の場合，「申請開始」をクリックし，画面にしたがって試験申請情報を入力し，顔写真をアップロードします．

④ 「整理番号の確認・試験手数料の支払い手続き」画面が表示されるので，試験手数料の支払方法をコンビニエンスストア，ペイジー（金融機関 ATM やインターネットバンキング）またはクレジットカードから選択します．

⑤ 「お支払いの手続き」画面の指示にしたがって，試験手数料を支払います．

支払期限日までに試験手数料の支払を済ませておかないと，申請の受付が完了しないので注意してください．

受験票の送付　受験票は試験期日のおよそ2週間前に電子メールにより送付されます．

試験当日の注意　電子メールにより送付された受験票を自身で印刷（A4サイズ）して試験会場へ持参します．試験開始時刻の15分前までに試験場に入場します．受験票の注意をよく読んで受験してください．

試験結果の通知　試験会場で知らされる試験結果の発表日以降になると，協会の結果発表のホームページで試験結果を確認することができます．また，試験結果通知書も結果発表のホームページでダウンロードすることができます．

（公財）日本無線協会の
ホームページ

https://www.nichimu.or.jp/

最新の国家試験問題

　最近行われた国家試験問題と解答（直近の過去3回分）は，協会のホームページからダウンロードすることができます．試験の実施前に，前回出題された試験問題をチェックすることができます．

　また，受験した国家試験問題は持ち帰れますので，試験終了後に発表されるホームページの解答によって，自己採点して合否をあらかじめ確認することができます．

無線従事者免許の申請

　国家試験に合格したときは，無線従事者免許を申請します．定められた様式の申請書は総務省の電波利用ホームページより，ダウンロードできますので，これを印刷して使用します．

　添付書類等は次のとおりです．

（ア）氏名及び生年月日を証する書類（住民票の写しなど．ただし，申請書に住民票コードまたは現に有する無線従事者の免許の番号などを記載すれば添付しなくてもよい．）

（イ）手数料（収入印紙を申請書に貼付する．）

（ウ）写真1枚（縦30mm×横24mm．申請書に貼付する．）

（エ）返信先（住所，氏名等）を記載し，切手を貼付した免許証返信用封筒

チェックボックスの使い方

問題には，下図のようなチェックボックスが設けられています．

完璧チェックボックス──
正解チェックボックス──

| 問 100 | 📖 解説あり！ | 正解 □ 完璧 □ | ✏️ 直前 CHECK □ |

直前チェックボックス──

正解チェックボックス

　まず，一通りすべての問題を解いてみて，正解した問題は正解チェックボックスにチェックをします．このとき，あやふやな理解で正解したとしてもチェックしておきます．

完璧チェックボックス

　すべての問題の正解チェックが済んだら，次にもう一度すべての問題に解答します．今度は，問題および解説の内容を完全に理解したら，完璧チェックボックスにチェックをします．

直前チェックボックス

　すべての完璧チェックができたら，ほぼこの問題集はマスターしたことになりますが，試験の直前に確認しておきたい問題，たとえば計算に公式を使ったものや専門的な用語，法規の表現などで間違いやすいものがあれば，直前チェックボックスにチェックをしておきます．そして，試験会場での試験直前の見直しに利用します．

　直前に何を見直すかの内容，あるいは重要度などに対応したチェックの種類や色を自分で決めて，下のチェック表に記入してください．試験直前に，チェックの種類を確認して見直しをすることができます．

◸	重要な公式（例）	□		□	
◸	重要な用語（例）	□		□	

　問題のヒントや解説のポイントなどはマスコットキャラクターが教えてくれます．

問題

問 1

正解 ☐ 完璧 ☐ 直前 CHECK ☐

次の記述は，多重通信方式について述べたものである．☐☐内に入れるべき字句の正しい組合せを下の番号から選べ．なお，同じ記号の☐☐内には，同じ字句が入るものとする．

(1) 複数のチャネルを周波数別に並べて，一つの伝送路上で同時に伝送する方式を ☐ A ☐ 通信方式という．

(2) 各チャネルが伝送路を占有する時間を少しずつずらして，順次伝送する方式を ☐ B ☐ 通信方式という．この方式では，一般に送信側と受信側の ☐ C ☐ のため，送信信号パルス列に ☐ C ☐ パルスが加えられる．

	A	B	C
1	FDM	PPM	変換
2	FDM	TDM	同期
3	CDM	TDM	変換
4	CDM	PPM	同期
5	CDM	PPM	変換

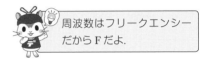

周波数はフリークエンシーだからFだよ．

問 2

正解 ☐ 完璧 ☐ 直前 CHECK ☐

次の記述は，多重通信方式について述べたものである．☐☐内に入れるべき字句の正しい組合せを下の番号から選べ．なお，同じ記号の☐☐内には，同じ字句が入るものとする．

(1) 各チャネルが伝送路を占有する時間を少しずつずらして，順次伝送する方式を ☐ A ☐ 通信方式という．この方式では，一般に送信側と受信側の ☐ B ☐ のため，送信信号パルス列に ☐ B ☐ パルスが加えられる．

(2) PCM方式による多重の中継回線等では，電話の音声信号1チャネル当たりの基本の伝送速度が64〔kbps〕のとき，☐ C ☐ チャネルで基本の伝送速度が約1.54〔Mbps〕になる．

	A	B	C
1	CDM	変換	24
2	FDM	同期	24
3	FDM	変換	12
4	TDM	同期	24
5	TDM	変換	12

時間はタイムだからTだよ．

問 3　　　　　　　　　　　　　　　　　　正解 ☐　完璧 ☐　✏️ 直前 CHECK ☐

　　次の記述は，直交周波数分割多重（OFDM）伝送方式について述べたものである.
☐☐内に入れるべき字句の正しい組合せを下の番号から選べ.

(1) OFDM伝送方式では，高速の伝送データを複数の ☐A☐ なデータ列に分割し，複数の
　　サブキャリアを用いて並列伝送を行う.

(2) また，ガードインターバルを挿入することにより，マルチパスの遅延時間がガードイン
　　ターバル長の ☐B☐ であれば，遅延波の干渉を効率よく回避できる.

(3) OFDMは，一般的に3.9世代移動通信システムと呼ばれる携帯電話の通信規格である
　　☐C☐ の下り回線などで利用されている.

	A	B	C
1	低速	範囲内	LTE
2	低速	範囲外	スペクトル拡散(SS)通信
3	より高速	範囲内	スペクトル拡散(SS)通信
4	より高速	範囲外	LTE

マルチパスは，いろいろなところから反射して来る電波のことだね.

問 4　　　　　　　　　　　　　　　　　　正解 ☐　完璧 ☐　✏️ 直前 CHECK ☐

　　次の記述は，直交周波数分割多重（OFDM）伝送方式について述べたものである. この
うち誤っているものを下の番号から選べ.

1　OFDM伝送方式では，高速の伝送データを複数の低速なデータ列に分割し，複数のサ
　　ブキャリアを用いて並列伝送を行う.

2　各サブキャリアの直交性を厳密に保つ必要はない. また，正確に同期をとる必要がない.

3　ガードインターバルを挿入することにより，マルチパスの遅延時間がガードインターバ
　　ル長の範囲内であれば，遅延波の干渉を効率よく回避できる.

4　一般的に3.9世代移動通信システムと呼ばれる携帯電話の通信規格であるLTEの下り
　　回線などで利用されている.

解答 問1➡2　問2➡4

問2　多重信号の伝送速度を $B ≒ 1.54$〔Mbps〕$= 1,540$〔kbps〕，1チャネル当た
りの伝送速度を $D = 64$〔kbps〕とすると，チャネル数 C は，
$$C = B/D = 1,540/64 ≒ 24$$

問題

問 5　　　　　　　　　　　　　　正解 □　完璧 □　✎ 直前CHECK □

　次の記述は，直接拡散 (DS) を用いた符号分割多重 (CDM) 伝送方式の一般的な特徴について述べたものである．このうち誤っているものを下の番号から選べ．

1　送信側で用いた擬似雑音符号と同じ符号でしか復調できないため秘話性が高い．

2　受信時に混入した狭帯域の妨害波は受信側で拡散されるので，狭帯域の妨害波に弱い．

3　拡散符号により，情報を広帯域に一様に拡散し電力スペクトル密度の低い雑音状にすることで，通信していることの秘匿性も高い．

4　拡散変調では，送信する音声やデータ等の情報をそれらが本来有する周波数帯域よりもはるかに広い帯域に広げる．

問 6　　　　　　　　　　　　　　正解 □　完璧 □　✎ 直前CHECK □

　次の記述は，直接拡散 (DS) を用いた符号分割多重 (CDM) 伝送方式の一般的な特徴について述べたものである．　□内に入れるべき字句の正しい組合せを下の番号から選べ．

(1) CDM伝送方式は，送信側で用いた擬似雑音符号と　A　符号でしか復調できないため　B　が高い．

(2) この伝送方式は，受信時に混入した狭帯域の妨害波は受信側で拡散されるので，狭帯域の妨害波に　C　．

	A	B	C
1	同じ	冗長性	弱い
2	同じ	秘話性	強い
3	異なる	秘話性	弱い
4	異なる	冗長性	強い

問 7　正解 ☐　完璧 ☐　🖊 直前 CHECK ☐

　次の記述は，デジタル伝送方式における標本化定理について述べたものである．☐☐内に入れるべき字句の正しい組合せを下の番号から選べ．

(1) 入力信号が周波数 f_0〔Hz〕よりも高い周波数成分を**含まない**信号 (理想的に帯域制限された信号) であるとき，繰返し周波数が　A　〔Hz〕よりも大きいパルス列で標本化を行えば，標本化されたパルス列から原信号 (入力信号) を　B　できる．

(2) 標本点の間隔が　C　〔s〕となる間隔をナイキスト間隔という．通常これより**短い間隔**で標本化を行う．

	A	B	C
1	$2f_0$	再生	$2/f_0$
2	$2f_0$	拡散	$2/f_0$
3	$2f_0$	再生	$1/(2f_0)$
4	$f_0/2$	拡散	$2/f_0$
5	$f_0/2$	再生	$1/(2f_0)$

問 8　正解 ☐　完璧 ☐　🖊 直前 CHECK ☐

　次の記述は，マイクロ波 (SHF) 帯による通信の一般的な特徴等について述べたものである．このうち正しいものを下の番号から選べ．

1　超短波 (VHF) 帯の電波に比較して，地形，建造物および降雨の影響が少ない．
2　アンテナの指向性を鋭くできるので，他の無線回線との混信を避けることが比較的容易である．
3　自然雑音および人工雑音の影響が大きく，良好な信号対雑音比 (S/N) の通信回線を構成することができない．
4　周波数が高くなるほど降雨による減衰が小さくなり，大容量の通信回線を安定に維持することが容易になる．

注：**太字**は，ほかの試験問題で穴あきになった用語を示す．

解答　問3➡1　問4➡2　問5➡2　問6➡2

🖊 **ミニ解説**

問 4　(正) 各サブキャリアの直交性を厳密に保つ**必要がある**．また，正確に同期をとる**必要がある**．

問 5　(正) 受信時に混入した狭帯域の妨害波は受信側で拡散されるので，狭帯域の妨害波に**強い**．

注：(正) は，選択肢のうちの誤っている部分を正しく直してあることを示す．

問 9　正解 ☐　完璧 ☐　✎ 直前 CHECK ☐

　次の記述は，マイクロ波 (SHF) 帯による通信の一般的な特徴等について述べたものである．このうち正しいものを下の番号から選べ．

1　超短波 (VHF) 帯の電波に比較して，地形，建造物および降雨の影響が少ない．

2　占有周波数帯幅を比較的広く取れるので，通話路数の多い多重通信回線の設定が容易である．

3　自然雑音および人工雑音の影響が大きく，良好な信号対雑音比 (S/N) の通信回線を構成することができない．

4　周波数が高くなるほど降雨による減衰が小さくなり，大容量の通信回線を安定に維持することが容易になる．

　VHF帯の周波数は 30〜300〔MHz〕，その波長は 10〜1〔m〕，SHF帯の周波数は 3〜30〔GHz〕，その波長は 10〜1〔cm〕だよ．

問 10　正解 ☐　完璧 ☐　✎ 直前 CHECK ☐

　次の記述は，マイクロ波 (SHF) 帯による通信の一般的な特徴等について述べたものである．このうち誤っているものを下の番号から選べ．

1　空電雑音および人工雑音の影響が小さく，良好な信号対雑音比 (S/N) の通信回線を構成することができる．

2　アンテナの指向性を鋭くできるので，他の無線回線との混信を避けることが比較的容易である．

3　超短波 (VHF) 帯の電波に比較して，地形，建造物および降雨の影響が少ない．

4　周波数が高くなるほど，アンテナを小型化できる．

　10〔GHz〕以上の周波数の電波は，雨による減衰が大きいよ．

問 11 　　　　　　　　　　　　正解□　完璧□ ✎ 直前CHECK□

次の記述は，マイクロ波（SHF）帯を利用する通信回線または装置の一般的な特徴について述べたものである．このうち正しいものを下の番号から選べ．

1　周波数が高くなるほど，雨による減衰が小さくなり，大容量の通信回線を安定に維持することが容易になる．
2　アンテナの大きさが同じとき，周波数が高いほどアンテナ利得は小さくなる．
3　低い周波数帯よりも空電雑音および人工雑音の影響が大きく，良好な信号対雑音比（S/N）の通信回線を構成することができない．
4　低い周波数帯よりも使用する周波数帯域幅が広くとれるため，多重回線の多重度を大きくすることができる．
5　電離層伝搬による見通し外の遠距離通信である．

問 12 　　　　　　　　　　　　正解□　完璧□ ✎ 直前CHECK□

次の記述は，マイクロ波（SHF）帯を利用する通信回線または装置の一般的な特徴について述べたものである．□□□□内に入れるべき字句の正しい組合せを下の番号から選べ．

(1) 周波数が**高く**なるほど，┌─A─┐が大きくなり，大容量の通信回線を安定に維持することが難しくなる．
(2) 低い周波数帯よりも使用する周波数帯域幅が┌─B─┐とれるため，多重回線の多重度を大きくすることができる．
(3) 周波数が高くなるほど，アンテナが┌─C─┐になり，また，大きなアンテナ利得を得ることが容易である．

	A	B	C
1	フレネルゾーン	広く	大型
2	フレネルゾーン	狭く	小型
3	雨による減衰	狭く	大型
4	雨による減衰	広く	小型

注：**太字**は，ほかの試験問題で穴あきになった用語を示す．

解答 問7→3　問8→2　問9→2　問10→3

ミニ解説

問 8　1（正）影響が**大きい**．　3（正）影響が**小さく**，…（正）構成することができる．　4（正）減衰が**大きく**なり，…（正）維持することが**難しくなる**．

問 10　（正）影響が**大きい**．

問 13　　　　　　正解 □　完璧 □　🖊 直前 CHECK □

　次の記述は，静止衛星について述べたものである．このうち誤っているものを下の番号から選べ．

1　静止衛星の軌道は，赤道上空にあり，ほぼ円軌道である．
2　春分および秋分を中心とした一定の期間には，衛星の電源に用いられる太陽電池の発電ができなくなる時間帯が生ずる．
3　静止衛星が地球を一周する周期は，地球の公転周期と等しい．
4　静止衛星は地球の自転の方向と同一方向に周回している．

問 14　　　　　　正解 □　完璧 □　🖊 直前 CHECK □

　次の記述は，静止衛星について述べたものである．このうち誤っているものを下の番号から選べ．

1　静止衛星の軌道は，赤道上空にあり，ほぼ円軌道である．
2　静止衛星までの距離は，地球の中心から約36,000キロメートルである．
3　静止衛星が地球を回る公転周期は地球の自転周期と同じであり，公転方向は地球の自転の方向と同一である．
4　三つの静止衛星を等間隔に配置すれば，南極，北極およびその周辺地域を除き，ほぼ全世界をサービスエリアにすることができる．

問 15　　　　　　正解 □　完璧 □　🖊 直前 CHECK □

　次の記述は，静止衛星を利用する通信について述べたものである．このうち誤っているものを下の番号から選べ．

1　衛星通信では，一般に送信地球局から衛星へのアップリンク用の周波数と衛星から受信地球局へのダウンリンク用の周波数が対で用いられる．
2　衛星通信に 10 〔GHz〕以上の電波を使用する場合は，大気圏の降雨による減衰を受けやすい．
3　電波が，地球上から通信衛星を経由して再び地球上に戻ってくるのに約 0.1 秒を要する．
4　VSAT制御地球局には大口径のカセグレンアンテナを，VSAT地球局には小型のオフセットパラボラアンテナを用いることが多い．
5　3個の通信衛星を赤道上空に等間隔に配置することにより，極地域を除く地球上のほとんどの地域をカバーする通信網が構成できる．

解答 ▼

問 16　　　　　　　　　　　　　正解 □　完璧 □　✐ 直前CHECK □

　次の記述は，静止衛星を利用する通信について述べたものである．このうち正しいもの
を下の番号から選べ．

1　赤道上空約 36,000〔km〕の円軌道に打ち上げられた静止衛星は，地球の自転と同期し
　て周回しているが，その周期は約 12 時間である．

2　電波が，地球上から通信衛星を経由して再び地球上に戻ってくるのに要する時間は，
　約 0.1 秒である．

3　衛星通信に 10〔GHz〕以上の電波を使用する場合は，大気圏の降雨による減衰が少な
　いので，信号の劣化も少ない．

4　3 個の通信衛星を赤道上空に等間隔に配置することにより，極地域を除く地球の大部分
　の地域を常時カバーする通信網が構成できる．

5　静止衛星から地表に到来する電波は極めて微弱であるため，静止衛星による衛星通信
　は，夏至と冬至のころに，地球局の受信アンテナの主ビームの見通し線上から到来する
　太陽雑音の影響を受ける．

解答　問11➡4　　問12➡4　　問13➡3　　問14➡2　　問15➡3

ミニ解説

問 11　1（正）減衰が**大きく**なり，…（正）維持することが**難しくなる**．　　2（正）
利得は**大きくなる**．　　3（正）影響が**小さく**，…（正）構成することが**でき
る**．　　5（正）見通し外の遠距離通信は，**困難である**．

問 13　（正）**自転**周期と等しい．

問 14　（正）地球の**赤道上空**約 36,000 **キロメートル**である．

問 15　（正）約 0.25 秒を要する．

問題

問 17　　　　　　　　　　　　　正解 ☐　完璧 ☐　直前CHECK ☐

次の記述は，静止衛星通信の特徴について述べたものである．このうち誤っているもの
を下の番号から選べ．

1　3個の通信衛星を赤道上空に等間隔に配置することにより，極地域を除く地球上のほと
んどの地域をカバーする通信網が構成できる．
2　電波が，地球上から通信衛星を経由して再び地球上に戻ってくるのに要する時間は，
約 0.1 秒である．
3　静止衛星は，赤道上空約 36,000〔km〕の軌道上にある．
4　通信衛星の電源には太陽電池を使用するため，太陽電池が発電しない衛星食の時期に
備えて，蓄電池などを搭載する必要がある．

問 18　　　　　　　　　　　　　正解 ☐　完璧 ☐　直前CHECK ☐

次の記述は，静止衛星を利用する通信について述べたものである．このうち正しいもの
を下の番号から選べ．

1　衛星の電源には太陽電池が用いられるため，年間を通じて電源が断となることがない
ので，蓄電池等は搭載する必要がない．
2　衛星通信に 10〔GHz〕以上の電波が用いられる場合は，大気圏の降雨による減衰が少
ないので，信号の劣化も少ない．
3　GPS衛星等の周回衛星の軌道に比べて，地表からの距離が近いため，送信電力やアン
テナ利得等の点で有利である．
4　電波が，地球上から通信衛星を経由して再び地球上に戻ってくるのに約0.5秒を要する．
5　3個の通信衛星を赤道上空に等間隔に配置することにより，極地域を除く地球上のほと
んどの地域をカバーする通信網が構成できる．

無線工学　多重通信システム

問 19　　　　　　　　　　　　正解 ☐　完璧 ☐　✎ 直前 CHECK ☐

次の記述は，静止衛星通信の特徴について述べたものである．☐☐内に入れるべき字句の正しい組合せを下の番号から選べ．

(1) 衛星と地球局間の距離が 37,500 km の場合，往路および復路の両方の通信経路が静止衛星を経由する電話回線においては，送話者が送話を行ってからそれに対する受話者からの応答を受け取るまでに，電波の伝搬による遅延が約 ☐A☐ あるため，通話の不自然性が生じることがある．

(2) 静止衛星は，☐B☐ の頃の夜間に地球の影に入るため，その間は衛星に搭載した蓄電池で電力を供給する．

(3) ☐C☐ 個の通信衛星を赤道上空に等間隔に配置することにより，極地域を除く地球上のほとんどの地域をカバーする通信網が構成できる．

	A	B	C
1	0.5秒	夏至および冬至	2
2	0.5秒	春分および秋分	3
3	0.1秒	春分および秋分	2
4	0.1秒	夏至および冬至	3

 赤道の真上の 36,000〔km〕に衛星があるので，日本などのほかの場所からはもっと距離があるよ．

解答 **問16→4　問17→2　問18→5**

問16　1（正）約 24 時間である．　2（正）約 0.25 秒である．　3（正）減衰が大きいので，信号の劣化が多い．　5（正）**春分と秋分のころに，**

問17　（正）約 0.25 秒である．

問18　1（正）太陽電池が用いられるため，**太陽電池が発電しない衛星食の時期に備えて，蓄電池等を搭載する必要がある．**　2（正）減衰が多いので，信号の劣化が多い．　3（正）距離が**遠いため，**…（正）点で**不利である．**　4（正）約 0.25 秒を要する．

問 20　　　　　　　　　　　　　　　　正解 □　完璧 □　✎ 直前CHECK □

　次の記述は，通信衛星について述べたものである．□内に入れるべき字句の正しい組合せを下の番号から選べ．なお，同じ記号の□内には，同じ字句が入るものとする．

(1) 赤道上空約 ⎾A⏌〔km〕の円軌道に打ち上げられた ⎾B⏌ 衛星は，地球の自転と同期して周回しているが，その周期は約 **24 時間** である．

(2) (1) の円軌道に等間隔に最少 ⎾C⏌ 個の ⎾B⏌ 衛星を配置すれば，極地域を除く地球の大部分の地域を常時カバーする通信網が構成できる．

	A	B	C
1	20,200	静止	4
2	20,200	極軌道	3
3	36,000	静止	3
4	36,000	極軌道	4
5	42,000	静止	4

問 21　　　　　　　　　　　　　　　　正解 □　完璧 □　✎ 直前CHECK □

　次の記述は，静止衛星を用いた衛星通信の特徴について述べたものである．□内に入れるべき字句の正しい組合せを下の番号から選べ．

(1) 静止衛星から地表に到来する電波は極めて微弱であるため，静止衛星による衛星通信は，春分と秋分のころに，地球局の受信アンテナビームの見通し線上から到来する ⎾A⏌ の影響を受けることがある．

(2) 10〔GHz〕以上の電波を使用する衛星通信は，⎾B⏌ による信号の減衰を受けやすい．

	A	B
1	太陽雑音	電離層シンチレーション
2	太陽雑音	降雨
3	空電雑音	電離層シンチレーション
4	空電雑音	降雨

注：**太字** は，ほかの試験問題で穴あきになった用語を示す．

問 22　正解 □　完璧 □　✎ 直前 CHECK □

　次の記述は，静止衛星を用いた衛星通信の特徴について述べたものである．□内に入れるべき字句の正しい組合せを下の番号から選べ．

(1) 静止衛星の　A　は，赤道上空にあり，静止衛星が地球を一周する公転周期は，地球の自転周期と等しく，また，静止衛星は地球の自転の方向と　B　方向に周回している．

(2) 静止衛星から地表に到来する電波は極めて微弱であるため，静止衛星による衛星通信は，春分と秋分のころに，地球局の受信アンテナビームの見通し線上から到来する　C　の影響を受けることがある．

	A	B	C
1	円軌道	同一	太陽雑音
2	円軌道	逆	空電雑音
3	極軌道	逆	太陽雑音
4	極軌道	同一	空電雑音

問 23　正解 □　完璧 □　✎ 直前 CHECK □

　次の記述は，衛星通信の接続方式等について述べたものである．このうち正しいものを下の番号から選べ．

1　TDMA方式では，各地球局からの信号が，衛星上で互いに重なり合わないように，ガードタイムを設けている．

2　TDMA方式は，各地球局に対して使用する周波数帯域を割り当てる方式である．

3　プリアサイメント（Pre-assignment）は，通信の呼が発生する度に衛星回線を設定する．

4　SCPC方式では，複数のチャネルを一つの搬送周波数に割り当てている．

5　FDMA方式は，各地球局に対して使用する時間を割り当てる方式である．

解答　問19➡2　問20➡3　問21➡2

ミニ解説

問 19　衛星と地球間を2回往復する距離は，37,500〔km〕×2×2＝150,000〔km〕＝1.5×10⁸〔m〕となるので，電波の速度3×10⁸〔m/s〕で割ると1.5/3＝0.5〔s〕である．

問 20　静止衛星までの距離は，地表から約36,000〔km〕（地球の中心から約42,000〔km〕）である．

問 24　　　　　　　　　　　　　正解 ☐　完璧 ☐　✒ 直前 CHECK ☐

次の記述は，衛星通信の接続方式等について述べたものである．このうち誤っているものを下の番号から選べ．

1　デマンドアサイメント（Demand-assignment）は，通信の呼が発生する度に衛星回線を設定する．
2　SCPC方式では，一つのチャネルを一つの搬送周波数に割り当てている．
3　TDMA方式は，各地球局に対して使用する時間を割り当てる方式である．
4　FDMA方式は，各地球局に対して使用する周波数帯域を割り当てる方式である．
5　TDMA方式では，隣接する通話路間の干渉を避けるため，各地球局の周波数帯域が互いに重なり合わないように，ガードバンドを設けている．

問 25　📖 解説あり!　　　　　　正解 ☐　完璧 ☐　✒ 直前 CHECK ☐

図に示す抵抗 R_1，R_2 および R_3 の回路において，R_3 を流れる電流 I_3 が 1.5〔A〕であるとき，直流電源電圧 V の値として，正しいものを下の番号から選べ．

1　59.5〔V〕
2　62.5〔V〕
3　68.0〔V〕
4　78.0〔V〕
5　93.5〔V〕

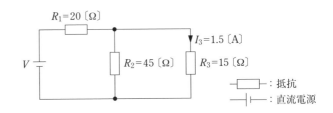

$R_1 = 20$〔Ω〕　$I_3 = 1.5$〔A〕
V　$R_2 = 45$〔Ω〕　$R_3 = 15$〔Ω〕

☐ : 抵抗
⊣├ : 直流電源

問 26　📖 解説あり!　　　　　　正解 ☐　完璧 ☐　✒ 直前 CHECK ☐

図に示す抵抗 R_1，R_2 および R_3 の回路において，R_1 の両端の電圧が 80〔V〕であるとき，R_3 を流れる電流 I_3 の値として，正しいものを下の番号から選べ．

1　0.8〔A〕
2　1.6〔A〕
3　1.9〔A〕
4　2.4〔A〕
5　2.8〔A〕

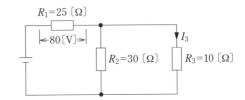

$R_1 = 25$〔Ω〕
←80〔V〕→　I_3
$R_2 = 30$〔Ω〕　$R_3 = 10$〔Ω〕

解答

問題の図の回路において，R_3〔Ω〕の抵抗にI_3〔A〕の電流が流れたとき，R_3に加わる電圧V_3〔V〕は，次式で表される．

$$V_3 = R_3 I_3 = 15 \times 1.5 = 22.5 \text{〔V〕}$$

R_3と並列に接続された抵抗R_2〔Ω〕に流れる電流I_2〔A〕は，

$$I_2 = \frac{V_3}{R_2} = \frac{22.5}{45} = 0.5 \text{〔A〕}$$

R_1〔Ω〕に流れる電流I_1〔A〕は，I_2とI_3〔A〕の和となるので，R_1に加わる電圧V_1〔V〕は，次式で表される．

$$V_1 = R_1 I_1 = R_1 \times (I_2 + I_3) = 20 \times (0.5 + 1.5) = 20 \times 2 = 40 \text{〔V〕}$$

よって，電源電圧V〔V〕は，次式によって求めることができる．

$$V = V_1 + V_3 = 40 + 22.5 = 62.5 \text{〔V〕}$$

> 並列接続された抵抗の比$R_2 : R_3$と，それらを流れる電流の比$I_2 : I_3$は逆の比だから，I_2はI_3の1/3だよ．

📖 解説➡問26

問題の図の回路において，R_1の両端の電圧を$V_1 = 80$〔V〕とすると，R_1〔Ω〕に流れる電流I_1〔A〕は，

$$I_1 = \frac{V_1}{R_1} = \frac{80}{25} = 3.2 \text{〔A〕}$$

R_2とR_3〔Ω〕の合成抵抗R_x〔Ω〕は，

$$R_x = \frac{R_2 \times R_3}{R_2 + R_3} = \frac{30 \times 10}{30 + 10} = \frac{300}{40} = 7.5 \text{〔Ω〕}$$

合成抵抗R_xを流れる電流はI_1なので，R_xに加わる電圧V_3〔V〕は，

$$V_3 = R_x I_1 = 7.5 \times 3.2 = 24 \text{〔V〕}$$

よって，R_3に流れる電流I_3〔A〕は，次式で表される．

> R_2とR_3の抵抗の比が3：1だから，電流は1：3の比率で流れるので，
> $$I_3 = \frac{3}{4}I_1 = \frac{3 \times 3.2}{4} = 2.4 \text{〔A〕}$$

$$I_3 = \frac{V_3}{R_3} = \frac{24}{10} = 2.4 \text{〔A〕}$$

解答 問22➡1　問23➡1　問24➡5　問25➡2　問26➡4

ミニ解説

問23　2（正）時間を割り当てる方式である．　3（正）デマンドアサイメントは，4（正）一つのチャネルを一つの搬送周波数　5（正）使用する周波数帯域を割り当てる

問24　（正）TDMA方式では，各地球局からの信号が衛星上で互いに重なり合わないように，ガードタイムを設けている．

問題

問 27 📖 解説あり! 　　　正解 ☐ 完璧 ☐ ✏ 直前CHECK ☐

　図に示す回路において，端子ab間に直流電圧を加えたところ，端子cd間に11.2〔V〕の電圧が現れた．16〔Ω〕の抵抗に流れる電流 I の値として，正しいものを下の番号から選べ．

1　1.5〔A〕
2　1.2〔A〕
3　0.9〔A〕
4　0.6〔A〕
5　0.4〔A〕

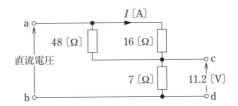

 端子cd間の電圧と抵抗の値が分かっているから，回路全体を流れる電流を求めることができるね．48〔Ω〕：16〔Ω〕の抵抗比のとき，それらに流れる電流は1：3に分かれるよ．

問 28 📖 解説あり! 　　　正解 ☐ 完璧 ☐ ✏ 直前CHECK ☐

　図に示す回路において，端子ab間に直流電圧を加えたところ，7.0〔Ω〕の抵抗に1.5〔A〕の電流が流れた．端子ab間に加えられた電圧の値として，正しいものを下の番号から選べ．

1　12〔V〕
2　15〔V〕
3　19〔V〕
4　24〔V〕
5　28〔V〕

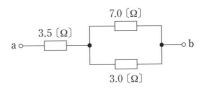

7〔Ω〕の抵抗に流れる電流の値が分かっているから，その端子電圧を求めることができるね．7〔Ω〕：3〔Ω〕の抵抗比のとき，それらに流れる電流は3：7に分かれるよ．3〔Ω〕の抵抗には1.5×(7/3)＝3.5〔A〕の電流が流れるよ．3.5〔Ω〕の抵抗には1.5＋3.5＝5〔A〕の電流が流れるね．

解答

問題の図の回路において，端子 cd 間に接続された抵抗と電圧を $R_3 = 7$〔Ω〕，$V_3 = 11.2$〔V〕とすると，R_3 を流れる電流 I_3〔A〕は，次式で表される．

$$I_3 = \frac{V_3}{R_3} = \frac{11.2}{7} = 1.6 〔A〕$$

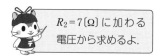
R_3 に流れる電流から求めるよ．

$R_1 = 48$〔Ω〕と $R_2 = 16$〔Ω〕の合成抵抗 R_x〔Ω〕は，

$$R_x = \frac{R_1 \times R_2}{R_1 + R_2} = \frac{48 \times 16}{48 + 16}$$

$$= \frac{16 \times 3 \times 16}{16 \times (3 + 1)} = \frac{3 \times 16}{4} = 3 \times 4 = 12 〔Ω〕$$

合成抵抗 R_x 流れる電流は I_3 なので，R_x に加わる電圧 V_2〔V〕は，

$$V_2 = R_x I_3 = 12 \times 1.6 = 19.2 〔V〕$$

よって，16〔Ω〕の抵抗 R_2 に流れる電流 I〔A〕は，次式で表される．

$$I = \frac{V_2}{R_2} = \frac{19.2}{16} = 1.2 〔A〕$$

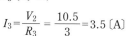
1.6〔A〕の電流が並列接続の二つの抵抗値 $R_1 = 48$〔Ω〕と $R_2 = 16$〔Ω〕の逆の比 $1 : 3$ に分かれるので，R_1 の電流が $1/4$ の 0.4〔A〕と R_2 の電流が $3/4$ の 1.2〔A〕だよ．

問題の図の回路において，$R_2 = 7$〔Ω〕の抵抗に $I_2 = 1.5$〔A〕の電流が流れたとき，R_2 に加わる電圧 V_2〔V〕は，次式で表される．

$$V_2 = R_2 I_2 = 7 \times 1.5 = 10.5 〔V〕$$

R_2 と並列に接続された抵抗 $R_3 = 3$〔Ω〕に流れる電流 I_3〔A〕は，

$R_2 = 7$〔Ω〕に加わる電圧から求めるよ．

$$I_3 = \frac{V_2}{R_3} = \frac{10.5}{3} = 3.5 〔A〕$$

$R_1 = 3.5$〔Ω〕に流れる電流 I_1〔A〕は，I_2 と I_3〔A〕の和となるので，R_1 に加わる電圧 V_1〔V〕は，次式で表される．

$$V_1 = R_1 I_1 = R_1 \times (I_2 + I_3) = 3.5 \times (1.5 + 3.5)$$

$$= 3.5 \times 5 = 17.5 〔V〕$$

よって，端子 ab 間に加えられた電圧 V〔V〕は，次式によって求めることができる．

$$V = V_1 + V_2 = 17.5 + 10.5 = 28 〔V〕$$

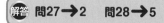
解答 問27➡2　　問28➡5

問題

問 29　📖 解説あり！　　　　　正解 ☐　完璧 ☐　✏ 直前 CHECK ☐

　図に示す回路において，8〔Ω〕の抵抗に流れる電流の値として，最も近いものを下の番号から選べ．

1　0.8〔A〕

2　1.0〔A〕

3　1.4〔A〕

4　1.8〔A〕

5　2.5〔A〕

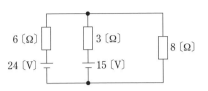

並列回路の電圧を求めるのは，ミルマンの定理を使えば簡単だね．

$$V = \frac{\dfrac{E_1}{R_1} + \dfrac{E_2}{R_2}}{\dfrac{1}{R_1} + \dfrac{1}{R_2} + \dfrac{1}{R_3}}$$

問 30　📖 解説あり！　　　　　正解 ☐　完璧 ☐　✏ 直前 CHECK ☐

　図に示す直流ブリッジ回路が平衡状態にあるとき，抵抗 R_X〔Ω〕の両端の電圧 V_X の値として，正しいものを下の番号から選べ．

1　10.8〔V〕

2　9.6〔V〕

3　8.0〔V〕

4　6.0〔V〕

5　1.5〔V〕

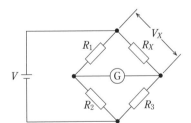

直流電源電圧：$V = 12$〔V〕

抵抗：$R_1 = 400$〔Ω〕

　　　$R_2 = 100$〔Ω〕

　　　$R_3 = 800$〔Ω〕

G：検流計

ブリッジ回路が平衡状態だと，次の式が成り立つよ．

$$R_1 R_3 = R_2 R_X$$

対辺の掛け算と覚えてね．平衡すると V_X と R_1 の電圧が等しくなるので，R_1 の電圧を求めても同じだよ．$R_1 : R_2 = 400$〔Ω〕$: 100$〔Ω〕$= 4 : 1$ が電圧の比になるでしょ．だから，R_1 の電圧は $V \times (4/5)$ になるよ．これが V_X と同じ電圧だね．

📖 解説→問29

問題の図の回路において，電圧源を $E_1=24$ 〔V〕，$E_2=15$ 〔V〕，抵抗を $R_1=6$ 〔Ω〕，$R_2=3$ 〔Ω〕，$R_3=8$ 〔Ω〕とすると，R_3 の端子電圧 V〔V〕は，ミルマンの定理より，次式で表される．

$$V=\frac{\dfrac{E_1}{R_1}+\dfrac{E_2}{R_2}}{\dfrac{1}{R_1}+\dfrac{1}{R_2}+\dfrac{1}{R_3}}=\frac{\dfrac{24}{6}+\dfrac{15}{3}}{\dfrac{1}{6}+\dfrac{1}{3}+\dfrac{1}{8}}$$

$$=\frac{4+5}{\dfrac{4+8+3}{24}}=\frac{9}{\dfrac{15}{24}}=\frac{9\times24}{\dfrac{15}{24}\times24}=\frac{3\times3\times24}{3\times5}$$

$$=\frac{72}{5}=14.4 \text{〔V〕}$$

よって，R_3 の抵抗に流れる I_3〔A〕は，

$$I_3=\frac{V}{R_3}=\frac{14.4}{8}=1.8 \text{〔A〕}$$

ミルマンの定理を覚えてね．端子電圧 V の向きを基準としたときに，起電力 E の向きが逆のときは，$-E$ として計算するよ．分母の $\dfrac{15}{24}$ の分数をなくすために，分母と分子に24を掛けてね．

📖 解説→問30

ブリッジ回路の平衡条件より，次式が成り立つ．

$$R_1R_3=R_2R_X$$

R_X〔Ω〕を求めると，

$$R_X=\frac{R_1R_3}{R_2}=\frac{400\times800}{100}=3,200 \text{〔Ω〕}$$

V_X は R_X と R_3 の抵抗による電圧の分圧で求めることができるので，次式で表される．

$$V_X=\frac{R_X}{R_X+R_3}V=\frac{3,200}{3,200+800}\times12$$

$$=\frac{32}{40}\times12=\frac{4\times8}{4\times10}\times12=\frac{96}{10}=9.6 \text{〔V〕}$$

R_X と R_3 の直列合成抵抗を流れる電流を求めると，$12/(3,200+800)=3\times10^{-3}$〔A〕となるので，$R_X=3.2\times10^3$〔Ω〕を掛ければ，$V_X$ を求めることもできるよ．

解答 問29→4　問30→2

18

問題

問 31 📖 **解説あり！**　　　正解 ☐　完璧 ☐　✏ 直前 CHECK ☐

　図に示す回路において，端子ab間の合成抵抗の値が12〔Ω〕であるとき，抵抗R_1の値として，正しいものを下の番号から選べ．ただし，$R_2=6$〔Ω〕，$R_3=2$〔Ω〕，$R_4=3$〔Ω〕，$R_5=4$〔Ω〕，$R_6=18$〔Ω〕，$R_7=27$〔Ω〕とする．

1　18〔Ω〕
2　24〔Ω〕
3　30〔Ω〕
4　36〔Ω〕
5　48〔Ω〕

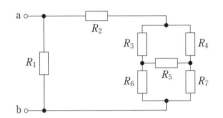

 抵抗の比が$R_3:R_6=R_4:R_7$だから，ブリッジ回路が平衡しているよ．

問 32 📖 **解説あり！**　　　正解 ☐　完璧 ☐　✏ 直前 CHECK ☐

　図に示す回路において，R_5を流れる電流I_5が0〔A〕のとき，R_3を流れる電流I_3の値として，正しいものを下の番号から選べ．ただし，R_1に流れる電流I_1は3.6〔mA〕とし，$R_1=1.2$〔kΩ〕，$R_3=4.8$〔kΩ〕とする．

1　0.4〔mA〕
2　0.9〔mA〕
3　1.8〔mA〕
4　3.6〔mA〕
5　14.4〔mA〕

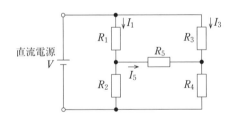

 ブリッジ回路が平衡すると，R_1とR_3に加わる電圧が等しくなるよ．

問題の図の回路において，$R_3 : R_6 = R_4 : R_7 = 1 : 9$ の関係があるので，ブリッジ回路の平衡条件より，R_5 には電流が流れない．よって，R_5 を取り外して合成抵抗を計算すればよい．R_3，R_4，R_6，R_7 の合成抵抗を R_x〔Ω〕とすれば，$(R_3 + R_6)$ と $(R_4 + R_7)$ の並列合成抵抗だから，次式が成り立つ．

$$R_x = \frac{(R_3 + R_6) \times (R_4 + R_7)}{(R_3 + R_6) + (R_4 + R_7)} = \frac{(2 + 18) \times (3 + 27)}{(2 + 18) + (3 + 27)}$$

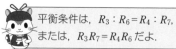

平衡条件は，$R_3 : R_6 = R_4 : R_7$，または，$R_3 R_7 = R_4 R_6$ だよ．

$$= \frac{20 \times 30}{20 + 30} = \frac{20 \times 3 \times 10}{(2 + 3) \times 10} = \frac{60}{5} = 12 \,〔Ω〕$$

R_1 と $(R_2 + R_x)$ の並列合成抵抗が，端子ab間の合成抵抗 $R_{ab} = 12$〔Ω〕となるので，次式が成り立つ．

$$\frac{1}{R_{ab}} = \frac{1}{R_1} + \frac{1}{R_2 + R_x}$$

R_1 を求めると，

$$\frac{1}{R_1} = \frac{1}{R_{ab}} - \frac{1}{R_2 + R_x} = \frac{1}{12} - \frac{1}{6 + 12} = \frac{3}{12 \times 3} - \frac{2}{18 \times 2}$$

$$= \frac{1}{36}$$

よって，$R_1 = 36$〔Ω〕

並列合成抵抗の計算は，抵抗の逆数の和で計算するよ．ちょうど $1/R$ になると答えが見つけやすいね．

問題の図の回路において，R_5 に流れる電流 I_5〔A〕が 0〔A〕のときは，R_1 に加わる電圧 V_1〔V〕と R_3 に加わる電圧 V_3〔V〕が等しくなるので，次式が成り立つ．

$$V_1 = V_3$$

$$R_1 I_1 = R_3 I_3$$

I_3〔A〕を求めると，

$$I_3 = \frac{R_1 I_1}{R_3} = \frac{1.2 \times 10^3 \times 3.6 \times 10^{-3}}{4.8 \times 10^3} = \frac{3.6}{4} \times 10^{-3} = 0.9 \times 10^{-3} \,〔A〕 = 0.9 \,〔mA〕$$

解答 問31➡4　　問32➡2

問題

問 33　解説あり!　　　　　正解 □　完璧 □　直前CHECK □

図に示す回路において，18〔Ω〕の抵抗の消費電力の値として，正しいものを下の番号から選べ．

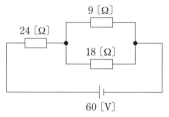

1　4〔W〕
2　6〔W〕
3　8〔W〕
4　16〔W〕
5　48〔W〕

電力 P は，$P=VI$，$P=I^2R$，$P=\dfrac{V^2}{R}$ によって求めることができるよ．R が分かっているから使った方がいいよ．

問 34　解説あり!　　　　　正解 □　完璧 □　直前CHECK □

図に示す回路において，スイッチ S_1 のみを閉じたときの電流 I とスイッチ S_2 のみを閉じたときの電流 I は，ともに 5〔A〕であった．また，スイッチ S_1 と S_2 の両方を閉じたときの電流 I は，3〔A〕であった．抵抗 R およびコンデンサ C のリアクタンス X_C の値の組合せとして，正しいものを下の番号から選べ．ただし，交流電源電圧 E は 90〔V〕とする．

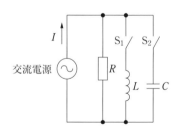

	R	X_C
1	30〔Ω〕	11.2〔Ω〕
2	30〔Ω〕	18.0〔Ω〕
3	30〔Ω〕	22.5〔Ω〕
4	45〔Ω〕	18.0〔Ω〕
5	45〔Ω〕	22.5〔Ω〕

X_L と X_C は同じ値だよ．S_1 と S_2 の両方を閉じるとそれらを流れる電流は打ち消されるよ．

無線工学　基礎理論

問題の図の回路において，$R_2 = 9$〔Ω〕と $R_3 = 18$〔Ω〕の並列合成抵抗 R_x〔Ω〕は，次式で表される．

$$R_x = \frac{R_2 \times R_3}{R_2 + R_3} = \frac{9 \times 18}{9 + 18} = \frac{9 \times 9 \times 2}{9 \times (1 + 2)} = \frac{9 \times 2}{3} = 6 \text{〔Ω〕}$$

電源電圧を $E = 60$〔V〕，$R_1 = 24$〔Ω〕とすると，回路全体を流れる電流 I〔A〕は，次式で表される．

$$I = \frac{E}{R_1 + R_x} = \frac{60}{24 + 6} = \frac{60}{30} = 2 \text{〔A〕}$$

並列合成抵抗 R_x に加わる電圧 V_x〔V〕は，次式で表される．

$$V_x = I R_x = 2 \times 6 = 12 \text{〔V〕}$$

よって，18〔Ω〕の抵抗 R_3 の消費電力 P〔W〕は，次式で表される．

$$P = \frac{V_x^2}{R_3} = \frac{12^2}{18} = \frac{4^2 \times 3^2}{2 \times 9} = 8 \text{〔W〕}$$

問題の図において，S_1 あるいは S_2 を閉じたときに，リアクタンスが X_L および X_C〔Ω〕のコイルおよびコンデンサに流れる電流の大きさを I_L，I_C〔A〕とすると，次式が成り立つ．

$$I_L = \frac{E}{X_L} \quad , \qquad I_C = \frac{E}{X_C}$$

スイッチの開閉によって抵抗 R を流れる電流は変わらないから，問題の条件より S_1 あるいは S_2 を閉じたときの全電流が等しいことより，I_L と I_C は等しくなるので，$X_L = X_C$〔Ω〕となる．

S_1 と S_2 の両方を閉じたときの全電流 I〔A〕は，I_L と I_C の大きさが等しく逆位相で相殺されるので，抵抗 R〔Ω〕に流れる電流と等しくなる．よって，R を求めると，

$$R = \frac{E}{I} = \frac{90}{3} = 30 \text{〔Ω〕}$$

S_2 のみを閉じたときに回路を流れる電流の大きさ I_2〔A〕は，

$$I_2 = \sqrt{I_R^2 + I_C^2} \quad , \qquad 5 = \sqrt{3^2 + I_C^2}$$

両辺を2乗して I_C を求めると，

$$I_C^2 = 5^2 - 3^2 = 25 - 9 = 16 = 4 \times 4 \qquad \text{よって，} \ I_C = 4 \text{〔A〕}$$

したがって，X_C は次式で表される．

$$X_C = \frac{E}{I_C} = \frac{90}{4} = 22.5 \text{〔Ω〕}$$

解答 問33➡3　　問34➡3

問 35 📖 **解説あり!** 　　　　　　　　正解 ☐ 完璧 ☐ ✎ 直前CHECK ☐

　図に示す回路において，スイッチ S_1 のみを閉じたときの電流 I とスイッチ S_2 のみを閉じたときの電流 I は，ともに 5 〔A〕であった．また，スイッチ S_1 と S_2 の両方を閉じたときの電流 I は，4 〔A〕であった．抵抗 R およびコイル L のリアクタンス X_L の値の組合せとして，正しいものを下の番号から選べ．ただし，交流電源電圧 E は 90 〔V〕とする．

	R	X_L
1	11.2 〔Ω〕	15 〔Ω〕
2	18.0 〔Ω〕	30 〔Ω〕
3	22.5 〔Ω〕	30 〔Ω〕
4	18.0 〔Ω〕	45 〔Ω〕
5	22.5 〔Ω〕	45 〔Ω〕

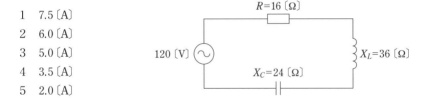

問 36 📖 **解説あり!** 　　　　　　　　正解 ☐ 完璧 ☐ ✎ 直前CHECK ☐

　図に示す回路において，交流電源電圧が 120 〔V〕，抵抗 R が 16 〔Ω〕，コンデンサのリアクタンス X_C が 24 〔Ω〕およびコイルのリアクタンス X_L が 36 〔Ω〕である．この回路に流れる電流の大きさの値として，正しいものを下の番号から選べ．

1　7.5 〔A〕
2　6.0 〔A〕
3　5.0 〔A〕
4　3.5 〔A〕
5　2.0 〔A〕

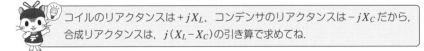

コイルのリアクタンスは $+jX_L$，コンデンサのリアクタンスは $-jX_C$ だから，合成リアクタンスは，$j(X_L - X_C)$ の引き算で求めてね．

📖 解説→問35

抵抗 R 〔Ω〕を求めると,

$$R = \frac{E}{I} = \frac{90}{4} = 22.5 \text{〔Ω〕}$$

 問34の解説を見てね.

S_1 のみを閉じたとき回路を流れる電流の大きさ I_1 〔A〕は,

$$I_1 = \sqrt{I_R{}^2 + I_L{}^2} \quad , \quad 5 = \sqrt{4^2 + I_L{}^2}$$

両辺を2乗して I_L を求めると,

$$I_L{}^2 = 5^2 - 4^2 = 25 - 16 = 9 = 3^2 \qquad \text{よって, } I_L = 3 \text{〔A〕}$$

したがって,X_L は次式で表される.

$$X_L = \frac{E}{I_L} = \frac{90}{3} = 30 \text{〔Ω〕}$$

📖 解説→問36

問題の図の回路において,回路のリアクタンス jX 〔Ω〕は,次式で表される.

$$jX = jX_L - jX_C = j36 - j24 = j12 \text{〔Ω〕}$$

回路のインピーダンス $\dot{Z}$ 〔Ω〕は,次式で表される.

$$\dot{Z} = R + jX = 16 + j12 \text{〔Ω〕}$$

合成インピーダンスの大きさ $Z = |\dot{Z}|$ 〔Ω〕は,

$$Z = \sqrt{R^2 + X^2} = \sqrt{16^2 + 12^2} = \sqrt{4^2 \times (4^2 + 3^2)}$$
$$= 4 \times \sqrt{16 + 9} = 4 \times \sqrt{25} = 4 \times \sqrt{5^2} = 20 \text{〔Ω〕}$$

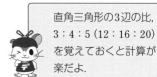 直角三角形の3辺の比,3：4：5（12：16：20）を覚えておくと計算が楽だよ.

電源電圧を $E = 120$ 〔V〕とすると,回路を流れる電流の大きさ I 〔A〕は,

$$I = \frac{E}{Z} = \frac{120}{20} = 6 \text{〔A〕}$$

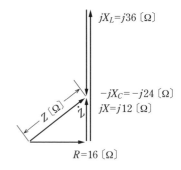

$jX_L = j36$ 〔Ω〕

$-jX_C = -j24$ 〔Ω〕
$jX = j12$ 〔Ω〕

Z 〔Ω〕　$\dot{Z}$

$R = 16$ 〔Ω〕

問 37 📖 **解説あり!**　　　　正解 ☐ 完璧 ☐ ✏️ 直前CHECK ☐

図に示す回路において，抵抗 R の両端の電圧の値として，最も近いものを下の番号から選べ．

1　20〔V〕
2　35〔V〕
3　50〔V〕
4　60〔V〕
5　75〔V〕

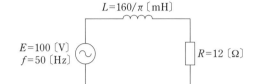

$L=160/\pi$〔mH〕

$E=100$〔V〕
$f=50$〔Hz〕

$R=12$〔Ω〕

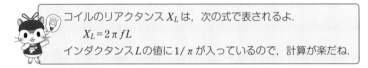

コイルのリアクタンス X_L は，次の式で表されるよ．
$$X_L = 2\pi fL$$
インダクタンス L の値に $1/\pi$ が入っているので，計算が楽だね．

問 38 📖 **解説あり!**　　　　正解 ☐ 完璧 ☐ ✏️ 直前CHECK ☐

図に示す回路において，抵抗 R の両端の電圧の値として，最も近いものを下の番号から選べ．

1　　75〔V〕
2　　90〔V〕
3　105〔V〕
4　120〔V〕
5　135〔V〕

$C=625/\pi$〔μF〕

$E=200$〔V〕
$f=50$〔Hz〕

$R=12$〔Ω〕

コンデンサのリアクタンス X_C は，次の式で表されるよ．
$$X_C = \frac{1}{2\pi fC}$$
静電容量 C の値に $1/\pi$ が入っているので，計算が楽だね．

📖 解説→問37

問題の図の回路において，コイルのリアクタンス X_L 〔Ω〕は，次式で表される．

$$X_L = 2\pi fL = 2\times\pi\times50\times\frac{160}{\pi}\times10^{-3} = 16{,}000\times10^{-3} = 16 \ \text{〔}\Omega\text{〕}$$

回路を流れる電流の大きさ I 〔A〕は，

$$I = \frac{V}{\sqrt{R^2+X_L^2}} = \frac{100}{\sqrt{12^2+16^2}} = \frac{100}{\sqrt{4^2\times(3^2+4^2)}}$$

$$= \frac{100}{4\times\sqrt{9+16}} = \frac{100}{4\times\sqrt{25}} = \frac{100}{4\times\sqrt{5^2}} = \frac{100}{20} = 5 \ \text{〔A〕}$$

したがって，抵抗 R 〔Ω〕の両端の電圧 V_R 〔V〕は，次式で表される．

$$V_R = IR = 5\times12 = 60 \ \text{〔V〕}$$

📖 解説→問38

問題の図の回路において，コンデンサのリアクタンス X_C 〔Ω〕は，次式で表される．

$$X_C = \frac{1}{2\pi fC} = \frac{1}{2\times\pi\times50\times\frac{625}{\pi}\times10^{-6}} = \frac{1}{25\times25\times10^{-4}} = \frac{10^4}{25\times25}$$

$$= \frac{100\times100}{25\times25} = 4\times4 = 16 \ \text{〔}\Omega\text{〕}$$

求めやすい値になるから，
計算を工夫してね．

回路を流れる電流の大きさ I 〔A〕は，

$$I = \frac{V}{\sqrt{R^2+X_C^2}} = \frac{200}{\sqrt{12^2+16^2}} = \frac{200}{\sqrt{4^2\times(3^2+4^2)}}$$

$$= \frac{200}{4\times\sqrt{9+16}} = \frac{200}{4\times\sqrt{25}} = \frac{200}{4\times\sqrt{5^2}} = \frac{200}{20} = 10 \ \text{〔A〕}$$

したがって，抵抗 R 〔Ω〕の両端の電圧 V_R 〔V〕は，次式で表される．

$$V_R = IR = 10\times12 = 120 \ \text{〔V〕}$$

解答 問37→4 問38→4

問 39　　　　　　　　　　　　　　　正解 □　完璧 □　直前CHECK □

　次の記述は，図1および図2に示す共振回路について述べたものである．このうち誤っているものを下の番号から選べ．ただし，ω_0〔rad/s〕は共振角周波数とする．

1　図1の共振回路の Q（尖鋭度）は，$Q = \omega_0 L R_1$ である．

2　図1の共振角周波数 ω_0 は，$\omega_0 = \dfrac{1}{\sqrt{LC}}$ である．

3　図2の共振時の回路の合成インピーダンスは，R_2 である．

4　図2の共振回路の Q（尖鋭度）は，$Q = \omega_0 C R_2$ である．

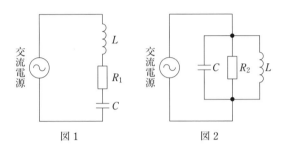

図1　　　　　　図2

R_1, R_2：抵抗〔Ω〕　L：インダクタンス〔H〕　C：静電容量〔F〕

　共振回路の Q はリアクタンスに蓄えられる無効電力 P_X と抵抗で消費する有効電力 P_R の比 P_X/P_R で表されるよ．直列共振回路は，リアクタンス X と抵抗 R を流れる電流 I が同じなので，電力は $P_X = I^2 X$，$P_R = I^2 R$ になるから，$Q = X/R$ だよ．コイルのリアクタンスは $\omega_0 L$，コンデンサのリアクタンスは $1/(\omega_0 C)$ だよ．並列共振回路は，$Q = R/X$ だよ．

問 40 正解 ☐ 完璧 ☐ ✐ 直前CHECK ☐

次の記述は，図に示す直列共振回路について述べたものである．☐☐内に入れるべき字句の正しい組合せを下の番号から選べ．

▼ 解答

この回路のインピーダンス $\dot{Z}$〔Ω〕は，角周波数を ω〔rad/s〕とすれば，次式で表される．

$$\dot{Z} = R + j\left(\omega L - \frac{1}{\omega C}\right)$$

回路のリアクタンス分は， ☐A☐ のとき零となる．このときの回路電流 $\dot{I}$〔A〕の大きさは ☐B☐ ，インピーダンスの大きさは， ☐C☐ となる．

	A	B	C
1	$\omega L = 1/(\omega C)$	最小	最大
2	$\omega L = 1/(\omega C)$	最大	最小
3	$\omega L = 1/(\omega C)$	最小	最小
4	$\omega L = \omega C$	最小	最小
5	$\omega L = \omega C$	最大	最大

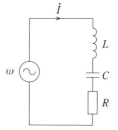

回路電流は，インピーダンスに反比例するので，電流が最大のときインピーダンスは最小，最小なら最大となるので選択肢の１か２が答えだよ．

解答 問39→1

ミニ解説

問 39 （正）$Q = \dfrac{\omega_0 L}{R_1}$ である．

また，図２の共振角周波数も出題されている．

$\omega_0 = \dfrac{1}{\sqrt{LC}}$ である．

28

問 41 📖 解説あり!　　　　正解 ☐　完璧 ☐　✏ 直前CHECK ☐

　図に示す直列共振回路において，R の両端の電圧 V_R および X_C の両端の電圧 V_{XC} の大きさの値の組合せとして，正しいものを下の番号から選べ．ただし，回路は，共振状態にあるものとする．

	V_R	V_{XC}
1	50〔V〕	150〔V〕
2	50〔V〕	300〔V〕
3	100〔V〕	150〔V〕
4	100〔V〕	300〔V〕
5	100〔V〕	450〔V〕

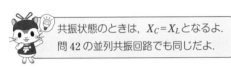

V ：交流電源電圧
R ：抵抗
X_C ：容量リアクタンス
X_L ：誘導リアクタンス

共振状態のときは，$X_C = X_L$ となるよ．
問 42 の並列共振回路でも同じだよ．

問 42 📖 解説あり!　　　　正解 ☐　完璧 ☐　✏ 直前CHECK ☐

　図に示す並列共振回路において，交流電源から流れる電流 I および X_C に流れる電流 I_{XC} の大きさの値の組合せとして，正しいものを下の番号から選べ．ただし，回路は，共振状態にあるものとする．

	I	I_{XC}
1	4〔A〕	5〔A〕
2	8〔A〕	5〔A〕
3	4〔A〕	2〔A〕
4	8〔A〕	2〔A〕
5	5〔A〕	4〔A〕

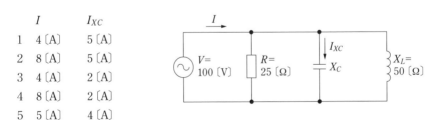

📖 解説 → 問41

共振状態ではコイルとコンデンサの直列合成リアクタンスは 0 〔Ω〕となるから、電源電圧 V 〔V〕と抵抗 R の両端の電圧 V_R は同じ値となるので、次式が成り立つ.

$$V_R = V = 100 \text{〔V〕}$$

このとき回路を流れる電流の大きさ I 〔A〕は,

$$I = \frac{V}{R} = \frac{100}{20} = 5 \text{〔A〕}$$

となる. 共振状態ではコイルとコンデンサのリアクタンスの大きさは同じ値になるので、$X_L = X_C$ より、V_{XC} 〔V〕は、次式で表される.

$$V_{XC} = IX_C = IX_L = 5 \times 60 = 300 \text{〔V〕}$$

📖 解説 → 問42

共振状態ではコイルとコンデンサの並列合成サセプタンスは 0 〔S〕となる. 合成リアクタンスは∞〔Ω〕になり、回路全体を流れる電流 I 〔A〕と抵抗を流れる電流 I_R は同じ値になるので、次式が成り立つ.

$$I = I_R = \frac{V}{R} = \frac{100}{25} = 4 \text{〔A〕}$$

このとき、コイルとコンデンサのリアクタンスの大きさは同じ値になるので、$X_L = X_C$ より、I_{XC} 〔A〕は、次式で表される.

$$I_{XC} = \frac{V}{X_C} = \frac{V}{X_L} = \frac{100}{50} = 2 \text{〔A〕}$$

> サセプタンス B〔S〕は、リアクタンス X〔Ω〕の逆数 $B = 1/X$ で表されるよ. コンデンサとコイルの並列合成サセプタンスは、
>
> $$\frac{1}{X_C} - \frac{1}{X_L} \text{で表されるよ.}$$

問 43 📖 **解説あり!**　　　正解 ☐　完璧 ☐　✏️ 直前CHECK ☐

図に示す直列回路において消費される電力の値が 50 〔W〕であった. このときのコイルのリアクタンス X_L〔Ω〕の値として, 正しいものを下の番号から選べ.

1　15〔Ω〕
2　30〔Ω〕
3　50〔Ω〕
4　60〔Ω〕
5　80〔Ω〕

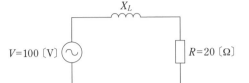

 インピーダンスで消費される電力 (有効電力) は, 抵抗の電力だよ.
リアクタンスは電力を消費しないけど, 電流を妨げるよ.

問 44 📖 **解説あり!**　　　正解 ☐　完璧 ☐　✏️ 直前CHECK ☐

図に示す直列回路において消費される電力の値が 200〔W〕であった. このときのコンデンサのリアクタンス X_C〔Ω〕の値として, 正しいものを下の番号から選べ.

1　4〔Ω〕
2　8〔Ω〕
3　15〔Ω〕
4　20〔Ω〕
5　30〔Ω〕

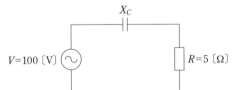

電流の大きさが I のとき, 抵抗で消費する電力 P は, 次の式で表されるよ.

$$P = I^2 R$$

電力と抵抗が分かっているので, この式から電流を求めてね. 電源電圧 V を電流 I で割ればインピーダンス Z を求めることができるけど, $Z = \sqrt{R^2 + X_C^2}$ だよ.

📖 解説→問43

問題の図の回路において，回路で消費される電力（有効電力）を P〔W〕とすると，回路を流れる電流の大きさ I〔A〕は，次式で表される．

$P = I^2 R$ より，

$I = \sqrt{\dfrac{P}{R}} = \sqrt{\dfrac{50}{20}} = \sqrt{2.5}$〔A〕

次の式で2乗するからルートのままでいいよ．計算を工夫してね．

コイルのリアクタンスを X_L〔Ω〕，電源電圧を V〔V〕とすると，次式が成り立つ．

$\dfrac{V}{I} = \sqrt{R^2 + X_L^2}$

両辺を2乗して X_L を求めると，次式で表される．

$X_L^2 = \dfrac{V^2}{I^2} - R^2$

$= \dfrac{100^2}{\sqrt{2.5}^{\,2}} - 20^2 = \dfrac{100 \times 100}{2.5} - 400 = 4{,}000 - 400 = 3{,}600 = 60^2$

よって，$X_L = 60$〔Ω〕

📖 解説→問44

問題の図の回路において，回路で消費される電力（有効電力）を P〔W〕とすると，回路を流れる電流の大きさ I〔A〕は，次式で表される．

$P = I^2 R$ より，

$I = \sqrt{\dfrac{P}{R}} = \sqrt{\dfrac{200}{5}} = \sqrt{40}$〔A〕

コンデンサのリアクタンスを X_C〔Ω〕，電源電圧を V〔V〕とすると，次式が成り立つ．

$\dfrac{V}{I} = \sqrt{R^2 + X_C^2}$

両辺を2乗して X_C を求めると，次式で表される．

$X_C^2 = \dfrac{V^2}{I^2} - R^2$

$= \dfrac{100^2}{\sqrt{40}^{\,2}} - 5^2 = \dfrac{100 \times 100}{40} - 25 = 250 - 25 = 225 = 15^2$

よって，$X_C = 15$〔Ω〕

解答 問43→4　　問44→3

問 45 　📖 解説あり! 　　　　正解 ☐ 完璧 ☐ 🖊 直前 CHECK ☐

　図に示すように，起電力 E が 100〔V〕で内部抵抗が r の交流電源に，負荷抵抗 R_L を接続したとき，R_L で消費される電力の最大値（有能電力）が 50〔W〕であった．このときの R_L の値として，正しいものを下の番号から選べ．

1　　50〔Ω〕

2　　75〔Ω〕

3　　100〔Ω〕

4　　150〔Ω〕

5　　200〔Ω〕

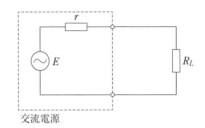

交流電源

　$r=R_L$ のとき，R_L の消費電力が最大になるよ．
そのとき，R_L の電圧は $E/2$ だね．

問 46 　📖 解説あり! 　　　　正解 ☐ 完璧 ☐ 🖊 直前 CHECK ☐

　図に示す π 形抵抗減衰器の減衰量 L の値として，最も近いものを下の番号から選べ．ただし，減衰量 L は，減衰器の入力電力を P_1，入力電圧を V_1，出力電力を P_2，出力電圧を V_2 とすると，次式で表されるものとする．また，$\log_{10} 2 = 0.3$ とする．

$$L = 10 \log_{10} (P_1/P_2) = 10 \log_{10} \{(V_1^2/R_L)/(V_2^2/R_L)\} \text{〔dB〕}$$

1　　6〔dB〕

2　　9〔dB〕

3　　12〔dB〕

4　　16〔dB〕

5　　20〔dB〕

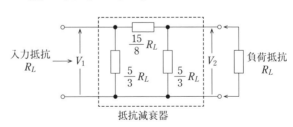

抵抗減衰器

問題の図の回路において，R_L で消費される電力 P 〔W〕が最大値（有能電力）となる条件は，$R_L = r$ のときである．このとき，R_L の端子電圧は起電力 E 〔V〕の $1/2$ となるので，次式が成り立つ．

$$P = \left(\frac{E}{2}\right)^2 \times \frac{1}{R_L}$$

R_L を求めると，次式で表される．

$$R_L = \frac{E^2}{4P} = \frac{100^2}{4 \times 50} = \frac{100 \times 100}{200} = 50 〔\Omega〕$$

問題の図の回路において，π形回路の右側の抵抗と負荷抵抗 R_L の合成抵抗を R_x とすると，次式が成り立つ．

$$\frac{1}{R_x} = \frac{3}{5R_L} + \frac{1}{R_L} = \frac{3}{5R_L} + \frac{5}{5R_L} = \frac{8}{5R_L}$$

よって，$R_x = \frac{5}{8} R_L$ となる．入力電圧を V_1 とすると，出力電圧 V_2 は，中央の抵抗と合成抵抗 R_x により分圧されるので，抵抗の比より，次式で表される．

$$V_2 = \frac{R_x}{\frac{15}{8} R_L + R_x} V_1 = \frac{\frac{5}{8} R_L}{\frac{15}{8} R_L + \frac{5}{8} R_L} V_1 = \frac{5}{15+5} V_1 = \frac{5}{20} V_1 = \frac{1}{4} V_1$$

$V_2 = \frac{1}{4} V_1$ より，

$$\frac{V_1}{V_2} = 4$$

したがって，減衰量 L をデシベルで表すと，次式で表される．

$$L = 10 \log_{10} \frac{\frac{V_1^2}{R_L}}{\frac{V_2^2}{R_L}} = 10 \log_{10} \frac{V_1^2}{V_2^2} = 10 \log_{10} \left(\frac{V_1}{V_2}\right)^2 = 10 \log_{10} 4^2 = 2 \times 10 \log_{10} 4$$

$$= 20 \log_{10} 2^2 = 2 \times 20 \log_{10} 2$$
$$= 2 \times 20 \times 0.3 = 12 〔dB〕$$

解答 問45 → 1　　問46 → 3

問 47　📖 **解説あり!**　　　正解 ☐　完璧 ☐　　✏ 直前CHECK ☐

図に示すT形抵抗減衰器の減衰量Lの値として，最も近いものを下の番号から選べ．ただし，減衰量Lは，減衰器の入力電力をP_1，入力電圧をV_1，出力電力をP_2，出力電圧をV_2とすると，次式で表されるものとする．また，$\log_{10}2 = 0.3$とする．

$$L = 10\log_{10}(P_1/P_2) = 10\log_{10}\{(V_1^2/R_L)/(V_2^2/R_L)\}\ [\mathrm{dB}]$$

1　　6〔dB〕

2　　9〔dB〕

3　　12〔dB〕

4　　16〔dB〕

5　　20〔dB〕

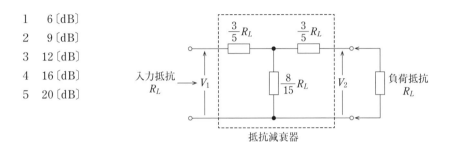

入力抵抗 R_L → V_1　　$\dfrac{3}{5}R_L$　　$\dfrac{3}{5}R_L$　　$\dfrac{8}{15}R_L$　　V_2　　負荷抵抗 R_L

抵抗減衰器

問 48　📖 **解説あり!**　　　正解 ☐　完璧 ☐　　✏ 直前CHECK ☐

次の図は，フィルタの周波数対減衰量の特性の概略を示したものである．このうち低域フィルタ（LPF）の特性の概略図として，正しいものを下の番号から選べ．

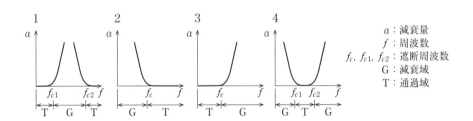

1　　2　　3　　4

α：減衰量
f：周波数
f_c, f_{c1}, f_{c2}：遮断周波数
G：減衰域
T：通過域

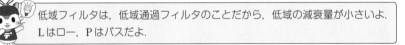

低域フィルタは，低域通過フィルタのことだから，低域の減衰量が小さいよ．
Lはロー，Pはパスだよ．

📖 解説 ➜ 問47

問題の図の回路において，T形回路の中央から右側を見た三つ抵抗の合成抵抗を R_x とすると，次式が成り立つ.

$$\frac{1}{R_x} = \frac{15}{8R_L} + \frac{1}{\frac{3}{5}R_L + R_L} = \frac{15}{8R_L} + \frac{1}{\frac{3}{5}R_L + \frac{5}{5}R_L} = \frac{15}{8R_L} + \frac{5}{8R_L} = \frac{20}{8R_L} = \frac{5}{2R_L}$$

よって，$R_x = \frac{2}{5}R_L$ となる．入力電圧を V_1 とすると，中央の点の電圧 V_x は，入力側の抵抗と合成抵抗 R_x により分圧されるので，抵抗の比より，次式で表される.

$$V_x = \frac{R_x}{\frac{3}{5}R_L + R_x}V_1 = \frac{\frac{2}{5}R_L}{\frac{3}{5}R_L + \frac{2}{5}R_L}V_1 = \frac{2}{3+2}V_1 = \frac{2}{5}V_1$$

出力電圧 V_2 は，V_x の電圧が右側の二つの抵抗によって分圧されるので，抵抗の比より，次式で表される.

$$V_2 = \frac{R_L}{\frac{3}{5}R_L + R_L}V_x = \frac{R_L}{\frac{3}{5}R_L + \frac{5}{5}R_L}V_x = \frac{R_L}{\frac{8}{5}R_L}V_x = \frac{5}{8}V_x = \frac{5}{8} \times \frac{2}{5}V_1 = \frac{1}{4}V_1$$

$V_2 = \frac{1}{4}V_1$ より，

$$\frac{V_1}{V_2} = 4$$

したがって，減衰量 L をデシベルで表すと，次式で表される.

$$L = 10\log_{10}\frac{\frac{V_1^2}{R_L}}{\frac{V_2^2}{R_L}} = 10\log_{10}\frac{V_1^2}{V_2^2} = 10\log_{10}\left(\frac{V_1}{V_2}\right)^2 = 10\log_{10}4^2 = 2 \times 10\log_{10}4$$

$$= 20\log_{10}2^2 = 2 \times 20\log_{10}2$$
$$= 2 \times 20 \times 0.3 = 12 \text{〔dB〕}$$

📖 解説 ➜ 問48

誤っている選択肢は次のフィルタである.

1　帯域消去（阻止）フィルタ（BEF）
2　高域フィルタ（HPF）
4　帯域フィルタ（BPF）

解答 問47➜3　　問48➜3

 問 49　正解 ☐　完璧 ☐　✎ 直前 CHECK ☐

図に示す断面を持つ同軸ケーブルの特性インピーダンス Z を表す式として，正しいものを下の番号から選べ．ただし，絶縁体の比誘電率は ε_S とする．また，同軸ケーブルは使用波長に比べ十分に長く，無限長線路とみなすことができるものとする．

1　$Z = \dfrac{138}{\sqrt{\varepsilon_S}} \log_{10} \dfrac{D}{d}$ 〔Ω〕

2　$Z = \dfrac{138}{\sqrt{\varepsilon_S}} \log_{10} \dfrac{2D}{d}$ 〔Ω〕

3　$Z = \dfrac{138}{\sqrt{\varepsilon_S}} \log_{10} \dfrac{D}{2d}$ 〔Ω〕

4　$Z = \dfrac{138}{\sqrt{\varepsilon_S}} \log_{10} \dfrac{d}{D}$ 〔Ω〕

5　$Z = \dfrac{138}{\sqrt{d}} \log_{10} \dfrac{D}{\varepsilon_S}$ 〔Ω〕

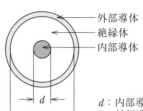

外部導体
絶縁体
内部導体

d：内部導体の外径〔mm〕
D：外部導体の内径〔mm〕

選択肢5はこの式だけほかと全く違うので違うよ．4も $d < D$ なので，Z がマイナスになるから違うね．$d = D$ では絶縁体がなくなって，同軸ケーブルではないのに2と3は値を持つので違うよ．

 問 50　正解 ☐　完璧 ☐　✎ 直前 CHECK ☐

図に示す方形導波管の TE_{10} 波の遮断周波数の値として，最も近いものを下の番号から選べ．

1　5.0〔GHz〕

2　6.0〔GHz〕

3　7.5〔GHz〕

4　10.0〔GHz〕

5　12.0〔GHz〕

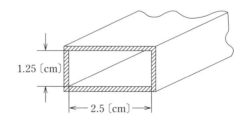

1.25〔cm〕

2.5〔cm〕

問 51 　　　　　　　　　　　　　　　正解 ☐ 完璧 ☐ 直前CHECK ☐

　図に示す方形導波管の TE_{10} 波の遮断周波数が $5 [GHz]$ のとき，長辺の長さ a の値として，最も近いものを下の番号から選べ．

1　3 [cm]
2　4 [cm]
3　5 [cm]
4　6 [cm]
5　7 [cm]

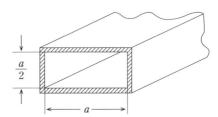

問 52 　　　　　　　　　　　　　　　正解 ☐ 完璧 ☐ 直前CHECK ☐

　図に示す方形導波管の TE_{10} 波の遮断波長の値として，正しいものを下の番号から選べ．

1　3 [cm]
2　4 [cm]
3　5 [cm]
4　6 [cm]
5　7 [cm]

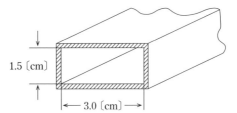

 遮断波長は横の長さの2倍だよ．
縦の長さは関係ないよ．

解答 問49→1　　問50→2

問 49 誘電体の $\varepsilon_S = 1$ の問題も出題されている．$\sqrt{\varepsilon_S} = \sqrt{1} = 1$ のときは，

$$Z = 138 \log_{10} \frac{D}{d} [\Omega]$$

問 50 導波管の長辺を a [cm] とすると，遮断波長 λ_c [cm] は，次式で表される．

$$\lambda_c = 2a = 2 \times 2.5 = 5 [cm]$$

$\lambda_c = 5$ [cm] $= 5 \times 10^{-2}$ [m] だから，遮断周波数 f_c は，

$$f_c = \frac{3 \times 10^8}{5 \times 10^{-2}} = 6 \times 10^9 [Hz] = 6 [GHz]$$

問 53　　　　　　　　　　　　　　　　正解 ☐ 完璧 ☐ ✎ 直前CHECK ☐

　図に示す等価回路に対応する働きを有する，斜線で示された導波管窓（スリット）素子として，正しいものを下の番号から選べ．ただし，電磁波は TE_{10} モードとする．

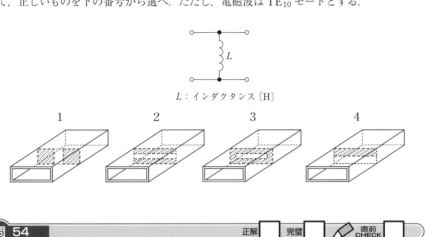

L：インダクタンス〔H〕

問 54　　　　　　　　　　　　　　　　正解 ☐ 完璧 ☐ ✎ 直前CHECK ☐

　図中の斜線で示す導波管窓（スリット）素子の働きに対応する等価回路として，正しいものを下の番号から選べ．ただし，電磁波は TE_{10} モードとする．

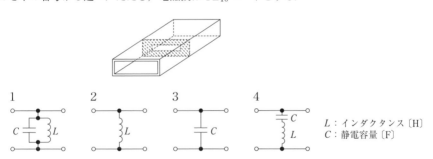

L：インダクタンス〔H〕
C：静電容量〔F〕

問 55　　　　　　　　　　　　　　　　　　正解 □　完璧 □　／直前 CHECK □

　次の記述は，図に示すT形分岐回路について述べたものである．このうち誤っているものを下の番号から選べ．ただし，電磁波はTE$_{10}$モードとする．

1　図1に示すT形分岐回路は，分岐導波管が主導波管の磁界Hと平行な面内にある．

2　図1において，TE$_{10}$波が分岐導波管から入力されると，主導波管の左右に等しい大きさで伝送される．

3　図2に示すT形分岐回路は，H面分岐または並列分岐ともいう．

4　図2において，TE$_{10}$波が分岐導波管から入力されると，主導波管の左右の出力は同位相となる．

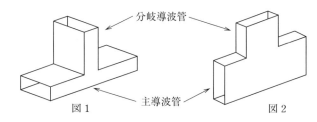

分岐導波管

主導波管

図1　　　　　　　　　　　　　　図2

解答　問51→1　　問52→4　　問53→1　　問54→1

問51　遮断周波数 $f_c = 5$ [GHz] $= 5 \times 10^9$ [Hz] の遮断波長 λ_c [m] は，

$$\lambda_c = \frac{3 \times 10^8}{5 \times 10^9} = 0.6 \times 10^{-1} = 6 \times 10^{-2} \text{ [m]} = 6 \text{ [cm]}$$

長辺の長さ a [cm] は，　$a = \dfrac{\lambda_c}{2} = \dfrac{6}{2} = 3$ [cm]

問52　導波管の長辺を a [cm] とすると，遮断波長 λ_c [cm] は，次式で表される．

$$\lambda_c = 2a = 2 \times 3 = 6 \text{ [cm]}$$

問53　問題の図の選択肢において，2はコンデンサ，3はコイルとコンデンサが線路と並列に接続された等価回路に対応する働きを有する．

問 56　　　　　　　　　　　正解 ☐　完璧 ☐　✎ 直前 CHECK ☐

　次の記述は，図に示すマジックTについて述べたものである．このうち誤っているもの
を下の番号から選べ．ただし，電磁波はTE$_{10}$モードとする．

1　TE$_{10}$波を④（H分岐）から入力すると，①と
　②（側分岐）に逆位相で等分されたTE$_{10}$波が伝
　搬する．

2　TE$_{10}$波を③（E分岐）から入力すると，①と
　②（側分岐）に逆位相で等分されたTE$_{10}$波が伝
　搬する．

3　マジックTは，インピーダンス測定回路などに
　用いられる．

4　④（H分岐）から入力したTE$_{10}$波は，③（E
　分岐）へは伝搬しない．

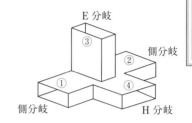

問 57　　　　　　　　　　　正解 ☐　完璧 ☐　✎ 直前 CHECK ☐

　次の記述は，図に示す導波管サーキュレータについて述べたものである．☐☐内に入
れるべき字句の正しい組合せを下の番号から選べ．なお，同じ記号の☐☐内には，同じ
字句が入るものとする．

(1) Y接合した方形導波管の接合部の中心に円柱状の ☐A☐ を置き，この円柱の軸方向に適
　当な大きさの ☐B☐ を加えた構造である．

(2) TE$_{10}$モードの電磁波をポート①へ入力するとポート②へ，ポート②へ入力するとポー
　ト③へ，ポート③へ入力するとポート①へそれぞれ出力し，それぞれ他のポートへの出
　力は極めて小さいので，各ポート間に可逆性が ☐C☐ ．

	A	B	C
1	フェライト	静電界	ある
2	フェライト	静磁界	ない
3	セラミックス	静磁界	ある
4	セラミックス	静電界	ない

ポート①

A

方形導波管

ポート③　　　ポート②

問 58

正解 ☐ 完璧 ☐ ✎ 直前 CHECK ☐

次の記述は，図に示すサーキュレータについて述べたものである．このうち誤っているものを下の番号から選べ．

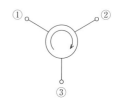

1 端子①からの入力は端子②へ出力され，端子②からの入力は端子③へ出力される．

2 端子①へ接続したアンテナを送受信用に共用するには，原理的に端子②に受信機を，端子③に送信機を接続すればよい．

3 3個の入出力端子の間には互に可逆性がある．

4 フェライトを用いたサーキュレータでは，これに静磁界を加えて動作させる．

サーキュレータは一定の向きに出力されるよ．
逆向きには行かないよ．

問 59

正解 ☐ 完璧 ☐ ✎ 直前 CHECK ☐

次の記述は，半導体および半導体素子について述べたものである．このうち正しいものを下の番号から選べ．

1 PN接合ダイオードは，電流がN形半導体からP形半導体へ一方向に流れる整流特性を有する．

2 P形半導体の多数キャリアは，電子である．

3 不純物を含まないSi（シリコン），Ge（ゲルマニウム）等の単結晶半導体を真性半導体という．

4 ホトダイオードは，電気信号を光信号に変換する特性を利用するものである．

解答 問55→1 問56→1 問57→2

ミニ解説 問55 （正）分岐導波管が主導波管の**電界E**と平行な面内にある．
問56 （正）①と②（側分岐）に**同位相**で等分された TE$_{10}$ 波が伝搬する．

問 60　　　　　　　　　　　　正解　　完璧　　✎ 直前CHECK

次の記述は，半導体および半導体素子について述べたものである．このうち誤っているものを下の番号から選べ．

1　PN接合ダイオードは，電流がN形半導体からP形半導体へ一方向に流れる整流特性を有する．

2　不純物を含まないSi（シリコン），Ge（ゲルマニウム）等の単結晶半導体を真性半導体という．

3　ホトダイオードは，光信号を電気信号に変換する特性を利用するものである．

4　P形半導体の多数キャリアは，正孔である．

問 61　　　　　　　　　　　　正解　　完璧　　✎ 直前CHECK

次の記述は，あるダイオードの特徴とその用途について述べたものである．この記述に該当するダイオードの名称として，正しいものを下の番号から選べ．

ヒ素やインジウムのような不純物の濃度が普通のシリコンダイオードの場合より高く，逆方向電圧を上げていくと，ある電圧で急に大電流が流れるようになって，それ以上，逆方向電圧を上げることができなくなる特性を有しており，電源回路等に広く用いられている．

1　ピンダイオード　　2　バラクタダイオード　　3　ツェナーダイオード
4　ガンダイオード　　5　トンネルダイオード

問 62　　　　　　　　　　　　正解　　完璧　　✎ 直前CHECK

次の記述は，バラクタダイオードについて述べたものである．　　　　内に入れるべき字句の正しい組合せを下の番号から選べ．

バラクタダイオードは，　A　バイアスを与え，このバイアス電圧を変化させると，等価的に　B　として動作する特性を利用する素子である．

	A	B
1	順方向	可変静電容量
2	逆方向	可変静電容量
3	順方向	可変インダクタンス
4	逆方向	可変インダクタンス

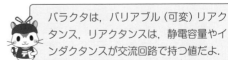

バラクタは，バリアブル（可変）リアクタンス，リアクタンスは，静電容量やインダクタンスが交流回路で持つ値だよ．

問題

問 63

正解 ▢ 完璧 ▢ ✐ 直前 CHECK ▢

次の記述は，トンネルダイオードについて述べたものである．[　]内に入れるべき字句の正しい組合せを下の番号から選べ．

(1) トンネルダイオードは，不純物の濃度が一般の PN 接合ダイオードに比べて[　A　]P 形半導体と N 形半導体を接合した半導体素子で，エサキダイオードともいわれている．

(2) トンネルダイオードは，その[　B　]の電圧－電流特性にトンネル効果による負性抵抗特性を持っており，応答特性が速いことを利用して，マイクロ波からミリ波帯の発振に用いることができる．

	A	B
1	高い	逆方向
2	高い	順方向
3	低い	順方向
4	低い	逆方向

問 64

正解 ▢ 完璧 ▢ ✐ 直前 CHECK ▢

次の記述は，ガンダイオードについて述べたものである．このうち正しいものを下の番号から選べ．

1 GaAs（ガリウムヒ素）などの化合物半導体で構成され，バイアス電圧を加えるとマイクロ波の発振を起こす．

2 逆方向バイアスを与え，このバイアス電圧を変化させると，等価的に可変静電容量として働く特性を利用する．

3 一定値以上の逆方向電圧が加わると，電界によって電子がなだれ現象を起こし，電流が急激に増加する特性を利用する．

4 電波を吸収すると温度が上昇し，抵抗の値が変化する素子で，電力計に利用される．

解答 問58→3　問59→3　問60→1　問61→3　問62→2

ミニ解説

問 58　（正）3 個の入出力端子の間には互に**可逆性がない**．
問 59　1（正）電流が **P 形半導体から N 形半導体へ一方向に流れる**　2（正）多数キャリアは，**正孔**である．　4（正）**光信号を電気信号に変換する**
問 60　（正）電流が **P 形半導体から N 形半導体へ一方向に流れる**

問 65　正解 ☐　完璧 ☐　✎ 直前CHECK ☐

　次の記述は，図に示す FET について述べたものである．☐☐内に入れるべき字句の正しい組合せを下の番号から選べ．

(1) 図1は，☐A☐FET の図記号である．

(2) 図2は，☐B☐FET の図記号である．

	A	B
1	N チャネル MOS形	N チャネル接合形
2	N チャネル接合形	N チャネル MOS形
3	P チャネル接合形	P チャネル MOS形
4	P チャネル MOS形	P チャネル接合形

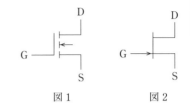

図1　　　　図2

 矢印の向きがチャネルの種類を表すよ．電流は P 形から N 形に流れるので，矢印が内側を向いているときは外の P から N に向かう方向だから，中のチャネルが N チャネルだよ．

問 66　正解 ☐　完璧 ☐　✎ 直前CHECK ☐

　次の記述は，図に示す FET について述べたものである．☐☐内に入れるべき字句の正しい組合せを下の番号から選べ．

(1) 図1は，☐A☐チャネル MOS形FET の図記号である．

(2) 図2は，MOS形FET（☐B☐形）の図記号である．

	A	B
1	N	デプレッション
2	N	エンハンスメント
3	P	デプレッション
4	P	エンハンスメント

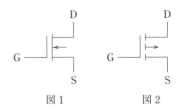

図1　　　　図2

問 67　　　　　　　　　正解 [　] 完璧 [　] ✎ 直前CHECK [　]

　次の記述は，図に示す原理的な構造の電子管について述べたものである．[　　]内に入れるべき字句の正しい組合せを下の番号から選べ．

(1) 名称は，[　A　]である．

(2) 高周波電界と電子流との相互作用による[　B　]，密度変調過程でのエネルギーの授受によりマイクロ波の**増幅**を行う．

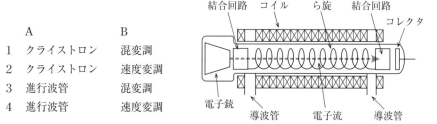

結合回路　コイル　ら旋　結合回路　コレクタ

電子銃　導波管　電子流　導波管

	A	B
1	クライストロン	混変調
2	クライストロン	速度変調
3	進行波管	混変調
4	進行波管	速度変調

問 68　　　　　　　　　正解 [　] 完璧 [　] ✎ 直前CHECK [　]

　次の記述は，**問 67** の図に示す原理的な構造の電子管について述べたものである．[　　]内に入れるべき字句の正しい組合せを下の番号から選べ．

(1) 名称は，[　A　]である．

(2) 高周波電界と電子流との相互作用によりマイクロ波の増幅を行う．また，空洞共振器が[　B　]ので，広帯域の信号の増幅が可能である．

	A	B
1	クライストロン	ない
2	クライストロン	ある
3	進行波管	ない
4	進行波管	ある

注：**太字**は，ほかの試験問題で穴あきになった用語を示す．

解答　問63→2　問64→1　問65→1　問66→2

✎ **ミニ解説**　**問 64** 選択肢の2はバラクタダイオード，3はツェナーダイオード，4はサーミスタまたはバレッタについての記述である．

問 69　解説あり！　　　正解 □　完璧 □　直前CHECK □

図に示す理想的な演算増幅器（オペアンプ）を使用した反転増幅回路の電圧利得の値として，最も近いものを下の番号から選べ．ただし，図の増幅回路の電圧増幅度 A_V（真数）は，次式で表されるものとする．また，$\log_{10} 2 = 0.3$ とする．

$$A_V = R_2 / R_1$$

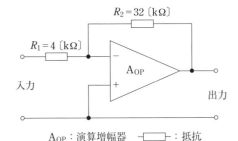

1　10 [dB]

2　12 [dB]

3　14 [dB]

4　18 [dB]

5　26 [dB]

$R_2 = 32$ [kΩ]

$R_1 = 4$ [kΩ]

A_{OP}

入力

出力

A_{OP}：演算増幅器　　　：抵抗

 電力比の2倍は6 [dB]だよ．その2倍（2×2倍）は6 [dB]を足して12 [dB]，2倍になるごとに6 [dB]を足すよ．

 問 70　解説あり！　　　正解 □　完璧 □　直前CHECK □

増幅器の入力端の入力信号電圧 v_I [V] に対する出力端の出力信号電圧 v_O [V] の比 (v_O/v_I) による電圧利得が G [dB] のとき，入力信号電力に対する出力信号電力の比による電力利得として正しいものを下の番号から選べ．ただし，増幅器の入力抵抗 R_I [Ω] と出力端に接続される負荷抵抗 R_O [Ω] は等しい $(R_I = R_O)$ ものとする．

1　G　　[dB]

2　$G-3$ [dB]

3　$G-6$ [dB]

4　$G+3$ [dB]

5　$G+6$ [dB]

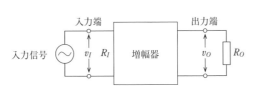

入力端　　　　　　　　　　出力端

入力信号　v_I　R_I　増幅器　v_O　R_O

📖 解説 → 問69

電圧増幅度の真数 A_V は，問題で与えられた式より，

$$A_V = \frac{R_2}{R_1} = \frac{32}{4} = 8$$

dB値にすると，次式で表される．

$$A_{VdB} = 20\log_{10}A_V = 20\log_{10}8 = 20\log_{10}2^3$$
$$= 3 \times 20\log_{10}2 = 3 \times 20 \times 0.3 = 18 \,[\text{dB}]$$

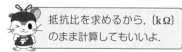

抵抗比を求めるから，[kΩ]
のまま計算してもいいよ．

📖 解説 → 問70

入出力電圧を v_I，v_O [V]，入出力抵抗を R_I，R_O [Ω]，入出力電力を P_I，P_O [W] とすると次式が成り立つ．

$$P_I = \frac{v_I{}^2}{R_I} \quad , \quad P_O = \frac{v_O{}^2}{R_O} \qquad\qquad \cdots\cdots(1)$$

電圧利得 G [dB] は，次式で表される．

$$G = 20\log_{10}\frac{v_O}{v_I}\,[\text{dB}] \qquad\qquad \cdots\cdots(2)$$

$R_I = R_O$ の条件と式 (1)，(2) より，電力利得 G_P [dB] は，次式で表される．

$$G_P = 10\log_{10}\frac{P_O}{P_I} = 10\log_{10}\frac{\dfrac{v_O{}^2}{R_O}}{\dfrac{v_I{}^2}{R_I}} = 10\log_{10}\frac{v_O{}^2}{v_I{}^2} = 10\log_{10}\left(\frac{v_O}{v_I}\right)^2$$

$$= 2 \times 10\log_{10}\frac{v_O}{v_I} = 20\log_{10}\frac{v_O}{v_I} = G\,[\text{dB}]$$

入力抵抗と出力の負荷抵抗が等しいときは，電圧利得の
dB値と電力利得の dB値は，等しくなるよ．

問題

問 **71** 📖 解説あり! 　　　　正解 ☐ 完璧 ☐ ✏ 直前CHECK ☐

電力利得が 18〔dB〕の増幅器の出力電力の値が 1.6〔W〕のとき，入力電力の値として最も近いものを下の番号から選べ．ただし，$\log_{10} 2 = 0.3$ とする．

1　250〔mW〕

2　125〔mW〕

3　100〔mW〕

4　　50〔mW〕

5　　25〔mW〕

問 **72** 📖 解説あり! 　　　　正解 ☐ 完璧 ☐ ✏ 直前CHECK ☐

図に示す負帰還増幅回路例の電圧増幅度の値として，最も近いものを下の番号から選べ．ただし，帰還をかけないときの電圧増幅度 A を 90，帰還率 β を 0.2 とする．

1　3.5

2　4.7

3　7.2

4　9.0

5　18.0

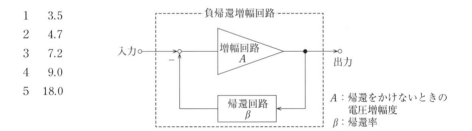

📖 解説 ➜ 問71

電力利得 18〔dB〕の真数を G とすると，次式が成り立つ．

$$18〔dB〕= 6 \times 3 = 6 \times 10 \log_{10} 2 = 10 \log_{10} 2^6 = 10 \log_{10} G$$

よって，$G = 2^6$

入力電力を P_I〔W〕，出力電力を P_O〔W〕とすると，

$$P_I = \frac{P_O}{G} = \frac{1.6}{2^6}〔W〕= \frac{1.6}{2^{4+2}} \times 10^3〔mW〕= \frac{1,600}{16 \times 4}〔mW〕= 25〔mW〕$$

デシベル

電力増幅度 G（真数）をデシベル値 G_{dB} で表すには，ログの計算を用いる．

$$G_{dB} = 10 \log_{10} G〔dB〕$$

電圧増幅度 A_V をデシベル値 A_{dB} で表すと，

$$A_{dB} = 20 \log_{10} A_V〔dB〕$$

ここで，$\log_{10}$（または単に $\log$）は常用対数であり，$x = 10^y$ の関係があるとき，次式で表される．

$$y = \log_{10} x$$

log の公式および数値を次に示す．

$$\log_{10}(ab) = \log_{10} a + \log_{10} b$$

$$\log_{10} \frac{a}{b} = \log_{10} a - \log_{10} b$$

$$\log_{10} a^b = b \log_{10} a$$

x	1/10	1/2	1	2	3	4	5	10	20	100
$\log_{10} x$	-1	-0.301	0	0.301	0.4771	0.602	0.699	1	1.301	2

※数値は約の値もある

📖 解説 ➜ 問72

出力の位相を反転して入力に帰還しているので，帰還率 β を -0.2 とすると，帰還をかけたときの電圧増幅度 A_f は，次式で表される．

$$A_f = \frac{A}{1 - A\beta} = \frac{90}{1 - 90 \times (-0.2)} = \frac{90}{1 + 18} = \frac{90}{19} \fallingdotseq 4.7$$

解答 問71 ➜ 5　　問72 ➜ 2

問題

 問 73　解説あり!　　　正解　完璧　直前CHECK

次の記述は，デシベルを用いた計算について述べたものである．このうち正しいものを下の番号から選べ．ただし，$\log_{10} 2 = 0.3$ とする．

1　1〔mW〕を 0〔dBm〕としたとき，0.2〔W〕の電力は 33〔dBm〕である．

2　1〔μV/m〕を 0〔dBμV/m〕としたとき，0.1〔mV/m〕の電界強度は 50〔dBμV/m〕である．

3　出力電力が入力電力の 400 倍になる増幅回路の利得は 52〔dB〕である．

4　1〔μV〕を 0〔dBμV〕としたとき，2〔mV〕の電圧は 66〔dBμV〕である．

5　電圧比で最大値から 6〔dB〕下がったところの電圧レベルは，最大値の $1/\sqrt{2}$ である．

> m や μ が使われるので，電力比の 10^3 倍は 30〔dB〕，10^6 倍は 60〔dB〕を覚えてね．
> 電圧比の dB は電力比の dB の 2 倍だよ．

 問 74　解説あり!　　　正解　完璧　直前CHECK

次の記述は，デシベルを用いた計算について述べたものである．このうち誤っているものを下の番号から選べ．ただし，$\log_{10} 2 = 0.3$ とする．

1　電圧比で最大値から 6〔dB〕下がったところの電圧レベルは，最大値の 1/2 である．

2　出力電力が入力電力の 800 倍になる増幅回路の利得は 29〔dB〕である．

3　1〔μV〕を 0〔dBμV〕としたとき，0.1〔mV〕の電圧は 40〔dBμV〕である．

4　1〔μV/m〕を 0〔dBμV/m〕としたとき，0.4〔mV/m〕の電界強度は 56〔dBμV/m〕である．

5　1〔mW〕を 0〔dBm〕としたとき，2〔W〕の電力は 33〔dBm〕である．

> 電力比の 2 倍は 3〔dB〕，1/2 は −3〔dB〕．
> 電圧比の dB は 6〔dB〕と −6〔dB〕を覚えてね．

📖 解説→問73

1　1〔mW〕を0〔dBm〕としたとき，0.2〔W〕$=200$〔mW〕$=2×10^2$〔mW〕だから，
　　$P_{dB} = 10 \log_{10}(2×10^2) = 10 \log_{10}2 + 10 \log_{10}10^2 = 10 \log_{10}2 + 2×10 \log_{10}10$
　　　　　$= 10×0.3 + 2×10 = 23$〔dBm〕　　よって，誤り

2　1〔μV/m〕を0〔dBμV/m〕としたとき，0.1〔mV/m〕$=100$〔μV/m〕$=10^2$〔μV/m〕
　だから，
　　　　　$E_{dB} = 20 \log_{10}10^2 = 2×20 \log_{10}10 = 2×20 = 40$〔dBμV/m〕　　よって，誤り

3　出力電力が入力電力の400倍になる増幅回路の利得は，
　　$G_{dB} = 10 \log_{10}(2^2×10^2) = 2×10 \log_{10}2 + 2×10 \log_{10}10$
　　　　　$= 2×10×0.3 + 2×10 = 26$〔dB〕　　よって，誤り

4　1〔μV〕を0〔dBμV〕としたとき，2〔mV〕$=2,000$〔μV〕$=2×10^3$〔μV〕だから，
　　$V_{dB} = 20 \log_{10}(2×10^3) = 20 \log_{10}2 + 20 \log_{10}10^3 = 20 \log_{10}2 + 3×20 \log_{10}10$
　　　　　$= 20×0.3 + 3×20 = 66$〔dBμV〕　　よって，**正しい**

5　電圧比で最大値から6〔dB〕下がったところの電圧レベルは，
　　$A_{dB} = 20 \log_{10}V = -6$〔dB〕　　より，$\log_{10}V = -0.3$
　　$\log_{10}2^{-1} = -0.3$　　だから，電圧比$V = 2^{-1} = \dfrac{1}{2}$　　よって，誤り

📖 解説→問74

1　電圧比で最大値から6〔dB〕下がったところの電圧レベルは，
　　$A_{dB} = 20 \log_{10}V = -6$〔dB〕　　より，$\log_{10}V = -0.3$
　　$\log_{10}2^{-1} = -0.3$　　だから，電圧比$V = 2^{-1} = \dfrac{1}{2}$　　よって，正しい

2　出力電力が入力電力の800倍になる増幅回路の利得は，
　　$G_{dB} = 10 \log_{10}(2^3×10^2) = 3×10 \log_{10}2 + 2×10 \log_{10}10$
　　　　　$= 3×10×0.3 + 2×10 = 29$〔dB〕　　よって，正しい

3　1〔μV〕を0〔dBμV〕としたとき，0.1〔mV〕$=100$〔μV〕$=10^2$〔μV〕だから，
　　$V_{dB} = 20 \log_{10}10^2 = 2×20 \log_{10}10 = 2×20 = 40$〔dBμV〕　　よって，正しい

4　1〔μV/m〕を0〔dBμV/m〕としたとき，0.4〔mV/m〕$=400$〔μV/m〕$=2^2×10^2$〔μV/m〕
　だから，
　　　　　$E_{dB} = 20 \log_{10}(2^2×10^2) = 2×20 \log_{10}2 + 2×20 \log_{10}10$
　　　　　　$= 2×20×0.3 + 2×20 = 12 + 40 = 52$〔dBμV/m〕　　よって，**誤り**

5　1〔mW〕を0〔dBm〕としたとき，2〔W〕$=2×10^3$〔mW〕だから，
　　$P_{dB} = 10 \log_{10}(2×10^3) = 10 \log_{10}2 + 10 \log_{10}10^3$
　　　　　$= 10×0.3 + 3×10 = 33$〔dBm〕　　よって，正しい

解答　問73→4　　問74→4

問題

問 75　　　　　　　　　　　　　　正解　□　完璧　□　✎ 直前CHECK　□

　図は，送信機等に用いられる位相同期ループ（PLL）を用いた周波数シンセサイザ発振回路の原理的構成例を示したものである．□□内に入れるべき名称の正しい組合せを下の番号から選べ．

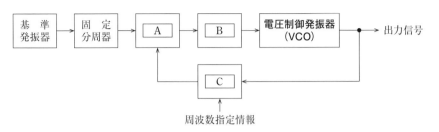

周波数指定情報

	A	B	C
1	位相比較器	高域フィルタ(HPF)	周波数逓倍器
2	振幅制限器	高域フィルタ(HPF)	可変分周器
3	位相比較器	帯域フィルタ(BPF)	周波数逓倍器
4	振幅制限器	低域フィルタ(LPF)	位相比較器
5	位相比較器	低域フィルタ(LPF)	可変分周器

構成図の穴うめ問題で，フィルタのときの正しい答えは，みんなLPFだよ．

注：**太字**は，ほかの試験問題で穴あきになった用語を示す．

53

問 76 📖 解説あり！　　　正解 ☐　完璧 ☐　✏ 直前CHECK ☐

　次の記述は，図に示す FM（F3E）送信機の発振部などに用いられる PLL発振回路（PLL周波数シンセサイザ）の原理的な構成例について述べたものである．☐☐内に入れるべき字句の正しい組合せを下の番号から選べ．なお，同じ記号の☐☐内には，同じ字句が入るものとする．

(1) 分周器と可変分周器の出力は，☐A☐に入力される．

(2) 低域フィルタ（LPF）の出力は，☐B☐に入力される．

(3) 基準発振器の出力の周波数 f_s を 3.2〔MHz〕，分周器の分周比 $1/N$ を $1/128$，可変分周器の分周比 $1/M$ を $1/6,800$ としたとき，出力の周波数 f_o は，☐C☐〔MHz〕になる．

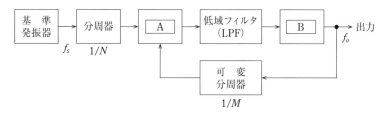

	A	B	C
1	位相比較器	周波数逓倍器	150
2	位相比較器	電圧制御発振器（VCO）	170
3	振幅制限器	電圧制御発振器（VCO）	150
4	振幅制限器	周波数逓倍器	170
5	位相比較器	電圧制御発振器（VCO）	150

解答 問75 ➡ 5

問題

図に示すようにパルスの幅が 5〔μs〕のとき，パルスの繰返し周期 T および衝撃係数（デューティファクタ）D の値の組合せとして，正しいものを下の番号から選べ．ただし，パルスの繰返し周波数は 40〔kHz〕とする．

	T	D
1	20〔μs〕	0.20
2	20〔μs〕	0.25
3	25〔μs〕	0.20
4	25〔μs〕	0.25
5	50〔μs〕	0.20

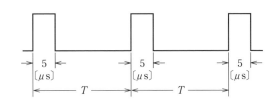

繰返し周波数 f〔Hz〕と繰返し周期 T〔s〕の関係は，次の式で表されるよ．

$$T = \frac{1}{f}$$

パルス幅 t〔s〕の衝撃係数 D は，次の式で表されるよ．

$$D = \frac{t}{T}$$

単位の k は 10^3，μ は 10^{-6} だよ．

図に示すように，パルスの幅が 5〔μs〕，間隔が 20〔μs〕のとき，パルスの繰返し周波数 f および衝撃係数（デューティファクタ）D の値の組合せとして，正しいものを下の番号から選べ．

	f	D
1	40〔kHz〕	0.25
2	40〔kHz〕	0.20
3	50〔kHz〕	0.25
4	50〔kHz〕	0.20
5	100〔kHz〕	0.25

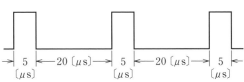

📖 解説➡️問76

基準発振器の周波数 $f_s = 3.2$ 〔MHz〕を分周器の分周比 $N = 128$ で割った値と，出力の周波数 f_o 〔MHz〕を可変分周器の分周比 $M = 6,800$ で割った値が等しいときに，出力の周波数がロックされ安定するので，次式が成り立つ．

$$\frac{f_s}{N} = \frac{f_o}{M} \qquad\qquad \cdots\cdots(1)$$

式(1)より，f_o を求めると，次式で表される．

$$f_o = \frac{M f_s}{N} = \frac{6,800 \times 3.2}{128} = \frac{170 \times 4 \times 10 \times 3.2}{32 \times 4} = 170 \text{〔MHz〕}$$

選択肢の数値になるように，計算を工夫してね．

📖 解説➡️問77

パルスの繰返し周波数を f 〔Hz〕とすると，パルスの繰返し周期 T 〔s〕は，次式で表される．

$$T = \frac{1}{f} = \frac{1}{40 \times 10^3} = \frac{1}{40} \times 10^{-3} \times 10^3 \times 10^{-3} = \frac{1,000}{40} \times 10^{-6} = 25 \times 10^{-6} \text{〔s〕} = 25 \text{〔}\mu\text{s〕}$$

パルス幅を t 〔s〕とすると，衝撃係数 D は，次式で表される．

$$D = \frac{t}{T} = \frac{5 \times 10^{-6}}{25 \times 10^{-6}} = 0.2$$

$\dfrac{1}{10^3} = 10^{-3}$，$\mu$ は 10^{-6} なので，10^{-6} の式とするために，$10^3 \times 10^{-3}$ を掛けるよ．

📖 解説➡️問78

問題の図より，パルスの繰返し周期 $T = 5 + 20$ 〔μs〕$= 25 \times 10^{-6}$ 〔s〕とすると，パルスの繰返し周波数 f 〔Hz〕は，次式で表される．

$$f = \frac{1}{T} = \frac{1}{25 \times 10^{-6}} = \frac{1}{25} \times 10^6 = \frac{1,000}{25} \times 10^3 = 40 \times 10^3 \text{〔Hz〕} = 40 \text{〔kHz〕}$$

パルス幅を $t = 5$ 〔μs〕$= 5 \times 10^{-6}$ 〔s〕とすると，衝撃係数 D は，次式で表される．

$$D = \frac{t}{T} = \frac{5 \times 10^{-6}}{25 \times 10^{-6}} = 0.2$$

解答 問76➡️2　　問77➡️3　　問78➡️2

問 79　　正解 □　完璧 □　✏ 直前 CHECK □

　一般的なパルス符号変調 (PCM) における量子化についての記述として，正しいものを下の番号から選べ．

1　音声などの連続したアナログ信号の振幅を一定の時間間隔で抽出し，それぞれの振幅を持つパルス列とする．

2　受信したPCMパルス列から情報を読み出し，アナログ値に変換する．

3　アナログ信号を標本化パルスで切り取ったときの振幅を，何段階かに分けた不連続の近似値に置き換える．

4　何段階かの定まったレベルの振幅を持つパルス列を，1パルスごとに2進符号に変換する．

5　一定数のパルス列に余分なパルス列を付加して，伝送時のビット誤り制御信号にする．

問 80　　正解 □　完璧 □　✏ 直前 CHECK □

　次の記述は，PCM通信方式における量子化などについて述べたものである．□□内に入れるべき字句の正しい組合せを下の番号から選べ．

(1) 直線量子化では，どの信号レベルに対しても同じステップ幅で量子化される．このとき，量子化雑音電力 N の大きさは，信号電力 S の大きさに □A□．

　　したがって，入力信号電力が**小さい**ときは，信号に対して量子化雑音が相対的に**大きく**なる．

(2) 信号の大きさにかかわらず S/N をできるだけ一定にするため，送信側において □B□ を用い，受信側において □C□ を用いる方法がある．

	A	B	C
1	比例する	圧縮器	識別器
2	比例する	乗算器	伸張器
3	関係しない	圧縮器	伸張器
4	関係しない	伸張器	識別器
5	関係しない	乗算器	圧縮器

注：**太字**は，ほかの試験問題で穴あきになった用語を示す．

問 81　　　　　　　　　　　　　　　　正解☐　完璧☐　✐直前CHECK☐

　一般的なパルス符号変調（PCM）における符号化についての記述として，正しいものを下の番号から選べ．

1　音声などの連続したアナログ信号を一定の時間間隔で抽出し，それぞれの振幅を持つパルス列とする．

2　量子化されたパルス列の1パルスごとにその振幅値を2進符号に変換する．

3　アナログ信号から抽出したそれぞれのパルス振幅を，何段階かの定まったレベルの振幅に変換する．

4　一定数のパルス列にいくつかの余分なパルスを付加して，伝送時のビット誤り制御信号にする．

5　受信したPCMパルス列から情報を読み出し，アナログ値に変換する．

問 82　　　　　　　　　　　　　　　　正解☐　完璧☐　✐直前CHECK☐

　次の記述は，PSKについて述べたものである．このうち正しいものを下の番号から選べ．

1　4相PSK（QPSK）は，16個の位相点をとり得る変調方式である．

2　4相PSK（QPSK）では，1シンボルの一つの信号点が表す情報は，"00"，"01"，"10" および "11" のいずれかとなる．

3　π/4シフト4相PSK（π/4シフトQPSK）では，隣り合うシンボル間に移行するときの信号空間軌跡が必ず原点を通るため，包絡線の急激な変動を防ぐことができる．

4　2相PSK（BPSK）では，"0"，"1" の2値符号に対して搬送波の位相にπ/2〔rad〕の位相差がある．

5　8相PSKでは，2相PSK（BPSK）に比べ，一つのシンボルで4倍の情報量を伝送できる．

解答　問79➡3　　問80➡3

問79　選択肢の1は標本化，2は復号化，4は符号化，5は誤り制御についての記述である．

正解 □　完璧 □　 直前 CHECK □

次の記述は，PSKについて述べたものである．このうち誤っているものを下の番号から選べ．

1　4相PSKは，二つの2相PSK変調器を直交関係になるように組み合せることにより得られる．

2　8相PSKは，2相PSK（BPSK）に比べ，一つのシンボルで3倍の情報量を伝送できる．

3　2相PSK（BPSK），4相PSKおよび8相PSKの搬送波電力対雑音電力比（C/N）が同じとき，符号誤り率が最も小さいのは8相PSKである．

4　2相PSK（BPSK）では，"0"，"1"の2値符号に対して搬送波の位相にπ〔rad〕の位相差がある．

問 84　　　　　　　　　　正解 □　完璧 □　直前 CHECK □

次の記述は，PSKについて述べたものである．このうち正しいものを下の番号から選べ．

1　2相PSK（BPSK）は，8相PSKに比べ，同じ搬送波電力対雑音電力比（C/N）のとき，符号誤り率が小さい．

2　8相PSKでは，2相PSK（BPSK）に比べ，一つのシンボルで4倍の情報量を伝送できる．

3　2相PSK（BPSK）では，"0"，"1"の2値符号に対して，搬送波の位相に$\pi/2$〔rad〕の位相差がある．

4　4相PSKでは，1シンボル（一つの信号点）が表す情報は，"00"または"11"のいずれかとなる．

8相PSKは，一つのシンボルで3ビット（$8=2^3$）の情報量を伝送するよ．
2相PSKは1ビット（$2=2^1$）だよ．

問題

問 85

正解 ☐ 完璧 ☐ 🖊 直前CHECK ☐

次の記述は，PSK について述べたものである．このうち誤っているものを下の番号から選べ．

1　2相PSK（BPSK）では，"0"，"1" の2値符号に対して搬送波の位相にπ〔rad〕の位相差がある．

2　4相PSK（QPSK）は，搬送波の位相が互いに$\pi/2$〔rad〕異なる二つの2相PSK（BPSK）変調器を用いて実現できる．

3　4相PSK（QPSK）では，1シンボルの一つの信号点が表す情報は，"00"，"01"，"10" および "11" のいずれかである．

4　$\pi/4$シフト4相PSK（$\pi/4$シフトQPSK）では，時間的に隣り合うシンボルに移行するときの信号空間軌跡が原点を通ることがなく，包絡線の変動が緩やかになる．

5　8相PSKでは，2相PSK（BPSK）に比べ，一つのシンボルで4倍の情報量を伝送できる．

問 86

正解 ☐ 完璧 ☐ 🖊 直前CHECK ☐

次の記述は，デジタル変調のうち直交振幅変調（QAM）方式について述べたものである．このうち誤っているものを下の番号から選べ．

1　QAM方式は，搬送波の振幅と位相の二つのパラメータを用いて，伝送する方式である．

2　64 QAM方式は，64個の信号点を持つ QAM方式である．

3　64 QAM方式は，周波数が等しく位相が$\pi/2$〔rad〕異なる直交する二つの搬送波を，それぞれ3値のレベルを持つ信号で振幅変調し，それらを合成することにより得ることができる．

4　64 QAM方式と QPSK（4PSK）方式を比較すると，64 QAM方式は，同程度の占有周波数帯幅で同一時間内に3倍の情報量を伝送できる．

解答 問81➡2　問82➡2　問83➡3　問84➡1

ミニ解説

問 82　1（正）4個の位相点　3（正）信号空間軌跡が原点を**通ることがなく**，4（正）π〔rad〕の位相差がある．　5（正）3倍の情報量

問 83　（正）最も小さいのは**2相PSK**である．

問 84　2（正）3倍の情報量　3（正）π〔rad〕の位相差がある．　4（正）"00"，"01"，"10" および "11"

問 87

正解 ☐　完璧 ☐　直前CHECK ☐

次の記述は, デジタル変調のうち直交振幅変調 (QAM) 方式について述べたものである. このうち誤っているものを下の番号から選べ.

1　16 QAM方式は, 16個の信号点を持つ QAM方式である.

2　256 QAM方式は, 16 QAM方式と比較すると, 同程度の占有周波数帯幅で同一時間内に2倍の情報量を伝送できる.

3　16 QAM方式は, 周波数が等しく位相が $\pi/2$ 〔rad〕異なる直交する二つの搬送波を, それぞれ8値のレベルを持つ信号で振幅変調し, それらを合成することにより得ることができる.

4　QAM方式は, 搬送波の振幅と位相の二つのパラメータを用いて, 伝送する方式である.

16個の信号点は 4×4 値だよ.
64個の信号点は 8×8 値だよ.

問 88

正解 ☐　完璧 ☐　直前CHECK ☐

次の記述は, 16値直交振幅変調 (16 QAM) について述べたものである. ☐内に入れるべき字句の正しい組合せを下の番号から選べ.

(1) 16 QAM は, 周波数が等しく位相が $\pi/2$ 〔rad〕異なる直交する二つの搬送波を, それぞれ ☐ A ☐ のレベルを持つ信号で変調し, それらを合成することにより得られる.

(2) 一般的に, 16 QAM を4相位相変調 (QPSK) と比較すると, 16 QAM の方が周波数利用効率が ☐ B ☐. また, 16 QAM は, 振幅方向にも情報が含まれているため, 伝送路におけるノイズやフェージングなどの影響を ☐ C ☐.

	A	B	C
1	16値	高い	受けやすい
2	16値	低い	受けにくい
3	4値	高い	受けにくい
4	4値	低い	受けにくい
5	4値	高い	受けやすい

問題

次の記述は，16値直交振幅変調（16 QAM）について述べたものである．□□□内に入れるべき字句の正しい組合せを下の番号から選べ．ただし，信号空間ダイアグラム上の信号点が変動し，受信側において隣接する信号点と誤って判断する現象をシンボル誤りといい，シンボル誤りが発生する確率をシンボル誤り率という．また，信号空間ダイアグラムにおける信号点の間の距離のうち，最も短いものを信号点間距離とする．

(1) 16 QAM は，周波数が等しく位相が $\boxed{\text{A}}$ 〔rad〕異なる直交する二つの搬送波を，それぞれ $\boxed{\text{B}}$ のレベルを持つ信号で変調し，それらを合成することにより得られる．

(2) 16 QAM を 16 相位相変調（16 PSK）と比較すると，一般に両方式の平均電力が同じ場合，16 QAM の方が信号点間距離が $\boxed{\text{C}}$，シンボル誤り率が小さくなる．

	A	B	C
1	$\pi / 4$	8値	短く
2	$\pi / 4$	8値	長く
3	$\pi / 2$	8値	長く
4	$\pi / 2$	4値	短く
5	$\pi / 2$	4値	長く

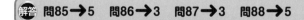

解答　問85→5　問86→3　問87→3　問88→5

ミニ解説
問 85　（正）3倍の情報量を伝送できる．
問 86　（正）それぞれ 8 値のレベル
問 87　（正）それぞれ 4 値のレベル

問題

問 90　　　　　　　　　　　正解 ☐　完璧 ☐　　直前 CHECK ☐

　グレイ符号（グレイコード）による QPSK の信号空間ダイアグラム（信号配置図）として正しいものを下の番号から選べ．ただし，I 軸は同相軸，Q 軸は直交軸を表す．

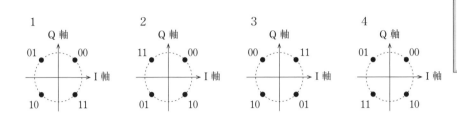

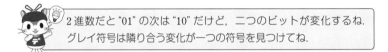

2 進数だと "01" の次は "10" だけど，二つのビットが変化するね．
グレイ符号は隣り合う変化が一つの符号を見つけてね．

問 91　　　　　　　　　　　正解 ☐　完璧 ☐　　直前 CHECK ☐

　グレイ符号（グレイコード）による 8PSK の信号空間ダイアグラム（信号配置図）として正しいものを下の番号から選べ．ただし，I 軸は同相軸，Q 軸は直交軸を表す．

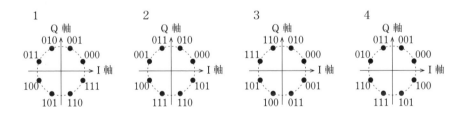

解答

問 92　　　　　　　　　　　　　　正解 □　完璧 □　直前 CHECK □

デジタル符号列「0101001」に対応する伝送波形が図に示す波形の場合，伝送符号形式の名称として，正しいものを下の番号から選べ．

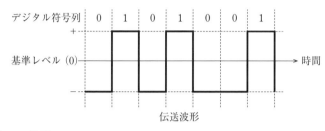

デジタル符号列　0　1　0　1　0　0　1

伝送波形

1　単極性NRZ符号
2　単極性RZ符号
3　両極（複極）性NRZ符号
4　両極（複極）性RZ符号
5　AMI符号

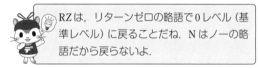

RZは，リターンゼロの略語で0レベル（基準レベル）に戻ることだね．Nはノーの略語だから戻らないよ．

問 93　　　　　　　　　　　　　　正解 □　完璧 □　直前 CHECK □

デジタル符号列「0101001」に対応する伝送波形が図に示す波形の場合，伝送符号形式の名称として，正しいものを下の番号から選べ．

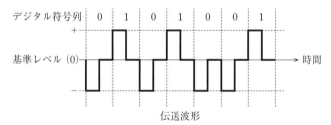

デジタル符号列　0　1　0　1　0　0　1

伝送波形

1　単極性RZ符号
2　単極性NRZ符号
3　AMI符号
4　両極（複極）性NRZ符号
5　両極（複極）性RZ符号

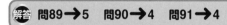

解答　問89→5　問90→4　問91→4

ミニ解説　問 90，問 91　グレイコードは隣り合う符号間の変化が，常に一つのビットしか変化しない．

問 94　　　　　　　　　　　　　　正解□　完璧□　✎ 直前CHECK□

図は，2相PSK（BPSK）に対して同期検波を適用した復調器の原理的構成例である．□□□内に入れるべき字句の正しい組合せを下の番号から選べ．

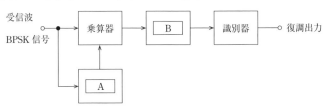

	A	B
1	搬送波再生回路	高域フィルタ（HPF）
2	搬送波再生回路	低域フィルタ（LPF）
3	クロック再生回路	高域フィルタ（HPF）
4	クロック再生回路	低域フィルタ（LPF）

問 95　　　　　　　　　　　　　　正解□　完璧□　✎ 直前CHECK□

図は，2相PSK（BPSK）に対して遅延検波を適用した復調器の原理的構成例である．□□□内に入れるべき字句の正しい組合せを下の番号から選べ．

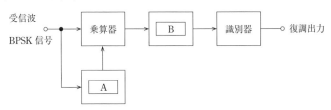

	A	B
1	1ビット遅延回路	低域フィルタ（LPF）
2	1ビット遅延回路	高域フィルタ（HPF）
3	搬送波再生回路	低域フィルタ（LPF）
4	搬送波再生回路	高域フィルタ（HPF）

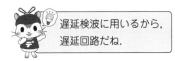

遅延検波に用いるから，遅延回路だね．

問 96　　　　　　　　　　　　　　　正解 □　完璧 □　✎ 直前 CHECK □

　次の図は，同期検波による QPSK（4 PSK）復調器の原理的構成例を示したものである．
□□□内に入れるべき字句の正しい組合せを下の番号から選べ．なお，同じ記号の□□□
内には，同じ字句が入るものとする．

▼解答

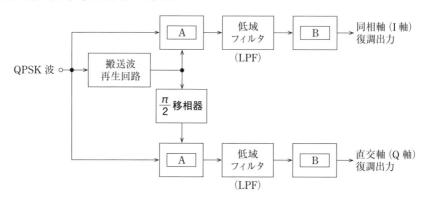

	A	B
1	分周回路	スケルチ回路
2	乗算器	スケルチ回路
3	乗算器	識別器
4	リミッタ	スケルチ回路
5	リミッタ	識別器

リミッタとスケルチ回路はアナログの FM 受信機に用いられるよ．
これらが間違いだから，残った選択肢は一つだね．

注：**太字**は，ほかの試験問題で穴あきになった用語を示す．

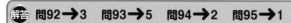

解答　問92→3　問93→5　問94→2　問95→1

ミニ解説

問92　両極（複極）性：（+）（−）の二つのレベルで変化する．NRZ：符号の途
　　　中で 0 レベルに戻らない．

問93　両極（複極）性：（+）（−）の二つのレベルで変化する．RZ：符号の途中
　　　で 0 レベルに戻る．

問 97　　　　　　　　　　　　　　正解 □　完璧 □　🖊 直前 CHECK □

　次の記述は，デジタル無線通信における同期検波について述べたものである．このうち誤っているものを下の番号から選べ．

1　同期検波は，PSK通信方式で使用できない．
2　同期検波は，受信した信号から再生した基準搬送波を使用して検波を行う．
3　同期検波は，低域フィルタ（LPF）を使用する．
4　同期検波は，一般に遅延検波より符号誤り率特性が優れている．

問 98　　　　　　　　　　　　　　正解 □　完璧 □　🖊 直前 CHECK □

　次の記述は，デジタル無線通信における遅延検波について述べたものである．このうち正しいものを下の番号から選べ．

1　遅延検波は，受信する信号に対し，1シンボル（タイムスロット）後の信号を基準信号として用いて検波を行う．
2　遅延検波は，一般に同期検波より符号誤り率特性が優れている．
3　遅延検波は，PSK通信方式で使用できない．
4　遅延検波は，基準搬送波を再生する搬送波再生回路が不要である．

 同期検波は基準搬送波を再生して，遅延検波はしないよ．
基準搬送波があった方が符号誤り率特性が良くなるよ．

問題

　次の記述は，図に示すパルス符号変調（PCM）方式を用いた伝送系の原理的な構成例について述べたものである．□□□内に入れるべき字句の正しい組合せを下の番号から選べ．

(1) 標本化とは，一定の時間間隔で入力のアナログ信号の振幅を取り出すことをいい，入力のアナログ信号を標本化したときの標本化回路の出力は，パルス振幅変調（PAM）波である．

(2) 振幅を所定の幅ごとの領域に区切ってそれぞれの領域を1個の代表値で表し，標本化によって取り出したアナログ信号の振幅を，その代表値で近似することを □ A □ という．

(3) 復号化回路で復号した出力からアナログ信号を復調するために用いる補間フィルタには，□ B □ が用いられる．

	A	B
1	符号化	低域フィルタ（LPF）
2	符号化	高域フィルタ（HPF）
3	量子化	高域フィルタ（HPF）
4	量子化	低域フィルタ（LPF）

解答　問96→3　問97→1　問98→4

問 97　（正）PSK通信方式で使用できる．
問 98　1（正）1シンボル（タイムスロット）前の信号　2（正）符号誤り率特性
　　　　が劣っている．　3（正）PSK通信方式で使用できる．

68

問 100

正解 ☐　完璧 ☐　直前 CHECK ☐

次の記述は，**問 99** の図に示すパルス符号変調（PCM）方式を用いた伝送系の原理的な構成例について述べたものである．☐内に入れるべき字句の正しい組合せを下の番号から選べ．

(1) 標本化とは，一定の時間間隔で入力のアナログ信号の振幅を取り出すことをいい，入力のアナログ信号を標本化したときの標本化回路の出力は， ☐ A ☐ 波である．

(2) 振幅を所定の幅ごとの領域に区切ってそれぞれの領域を 1 個の代表値で表し，標本化によって取り出したアナログ信号の振幅を，その代表値で近似することを量子化といい，量子化ステップの数が ☐ B ☐ ほど量子化雑音は小さくなる．

	A	B
1	パルス振幅変調（PAM）	多い
2	パルス位相変調（PPM）	多い
3	パルス振幅変調（PAM）	少ない
4	パルス位相変調（PPM）	少ない

問題の図は p68 問 99 の図を見てね．

問 101

正解 ☐　完璧 ☐　直前 CHECK ☐

次の記述は，デジタル無線通信で発生する誤りおよびその対策の一例について述べたものである．☐内に入れるべき字句の正しい組合せを下の番号から選べ．

(1) デジタル無線通信で生ずる誤りには，ランダム誤りとバースト誤りがある．ランダム誤りは，主として受信機の熱雑音などによって引き起こされる．バースト誤りは， ☐ A ☐ に発生する誤りであり，一般にマルチパスフェージング等により引き起こされる．

(2) バースト誤りの対策の一つとして，送信する符号の順序を入れ替える ☐ B ☐ を行い，受信側で ☐ C ☐ により元の順序に戻すことによりバースト誤りの影響を軽減する方法がある．

	A	B	C
1	集中的	デインターリーブ	インターリーブ
2	集中的	インターリーブ	デインターリーブ
3	統計的に独立	デインターリーブ	インターリーブ
4	統計的に独立	インターリーブ	デインターリーブ

解答

問 102 　　　　　　　　　　正解 □　完璧 □　✎ 直前CHECK □

　次の記述は，デジタル無線通信で発生する誤りおよびその対策の一例について述べたものである．□□□内に入れるべき字句の正しい組合せを下の番号から選べ．

(1) デジタル無線通信で生ずる誤りには，ランダム誤りとバースト誤りがある．ランダム誤りは，□ A □に発生する誤りであり，主として**受信機の熱雑音**などによって引き起こされる．バースト誤りは，一般にマルチパスフェージングなどにより引き起こされる．

(2) バースト誤りの対策の一つとして，送信する符号の順序を入れ替える□ B □を行い，受信側で□ C □により元の順序に戻すことによりバースト誤りの影響を軽減する方法がある．

	A	B	C
1	統計的に独立	デインターリーブ	インターリーブ
2	統計的に独立	インターリーブ	デインターリーブ
3	集中的	インターリーブ	デインターリーブ
4	集中的	デインターリーブ	インターリーブ

問 103 　　　　　　　　　　正解 □　完璧 □　✎ 直前CHECK □

　次の記述は，一般的なデジタル伝送における伝送誤りについて述べたものである．このうち誤っているものを下の番号から選べ．ただし，信号空間ダイアグラム上の信号点が変動し，受信側において隣接する信号点と誤って判断する現象をシンボル誤りといい，シンボル誤りが発生する確率をシンボル誤り率という．また，信号空間ダイアグラムにおける信号点の間の距離のうち，最も短いものを信号点間距離とする．

1　シンボル誤りが発生する確率であるシンボル誤り率は，信号点間距離に依存する．
2　伝送路や受信機内部で発生する雑音およびフェージングは，シンボル誤り率を増加させる要因となる．
3　一般に平均電力が等しい 16 相 PSK（16 PSK）と 16 値 QAM（16 QAM）のシンボル誤り率を比較すると，16 相 PSK の方が大きくなる．
4　一般に平均電力が等しい 16 相 PSK（16 PSK）と 16 値 QAM（16 QAM）の信号点間距離を比較すると，16 相 PSK の方が長い．

注：**太字**は，ほかの試験問題で穴あきになった用語を示す．

解答 問99→4　問100→1　問101→2

問 104

次の記述は，一般的なデジタル伝送における伝送誤りについて述べたものである．☐内に入れるべき字句の正しい組合せを下の番号から選べ．ただし，信号空間ダイアグラム上の信号点が変動し，受信側において隣接する信号点と誤って判断する現象をシンボル誤りといい，シンボル誤りが発生する確率をシンボル誤り率という．また，信号空間ダイアグラムにおける信号点の間の距離のうち，最も短いものを信号点間距離とする．

(1) 例えば，16相PSK（16 PSK）と16値QAM（16 QAM）を比較すると，一般に両方式の平均電力が同じ場合，16値QAMの方が信号点間距離が ☐ A ☐，シンボル誤り率が小さくなる．したがって一般に，多値変調ではQAMが利用されている．

(2) また，雑音やフェージングなどの影響によってシンボル誤りが生じた場合，データの誤り（ビット誤り）を最小にするために，信号空間ダイアグラムの縦横に隣接するシンボルどうしが1ビットしか異ならないように ☐ B ☐ に基づいてデータを割り当てる方法がある．

	A	B
1	短く	グレイ符号
2	短く	ハミング符号
3	長く	グレイ符号
4	短く	拡散符号
5	長く	ハミング符号

問 105

次の記述は，デジタル無線通信における誤り制御について述べたものである．☐内に入れるべき字句の正しい組合せを下の番号から選べ．なお，同じ記号の☐内には，同じ字句が入るものとする．

(1) デジタル無線通信における誤り制御には，誤りを受信側で検出した場合，送信側へ再送を要求する ☐ A ☐ という方法と，再送を要求することなく受信側で誤りを訂正する ☐ B ☐ という方法などがある．

(2) 伝送遅延がほとんど許容されない場合は，一般に ☐ B ☐ が使用される．

	A	B
1	FEC	ARQ
2	AFC	FEC
3	ARQ	AGC
4	FEC	AFC
5	ARQ	FEC

問 106 解説あり！　　　　　　　正解 ☐ 完璧 ☐ 直前CHECK ☐

　伝送速度 156〔Mbps〕の PCM 伝送回線において，1 チャネル当たり 64〔kbps〕のデータを時分割多重により伝送するとき，伝送可能な最大チャネル数として，最も近いものを下の番号から選べ．ただし，伝送するのはデータのみとする．

1　　410
2　　500
3　　610
4　1,215
5　2,435

問 107 解説あり！　　　　　　　正解 ☐ 完璧 ☐ 直前CHECK ☐

　FM（F3E）送信機において，最高変調周波数が 15〔kHz〕で変調指数が 4 のときの占有周波数帯幅の値として，最も近いものを下の番号から選べ．

1　120〔kHz〕
2　150〔kHz〕
3　180〔kHz〕
4　210〔kHz〕
5　240〔kHz〕

最高変調周波数を f_S，変調指数を m とすると，占有周波数帯幅 B は，$B = 2 \times (1 + m) f_S$ だよ．

解答 問102→2　問103→4　問104→3　問105→5

ミニ解説　問103　（正）16 相 PSK の方が短い．

問題

問 108 📖 解説あり！　　　　　　正解 □　完璧 □　✏️直前CHECK □

FM（F3E）送信機において，最高変調周波数が 15〔kHz〕で占有周波数帯幅が 150〔kHz〕のときの変調指数の値として，最も近いものを下の番号から選べ．

1　12　　　2　10　　　3　8　　　4　6　　　5　4

問 109　　　　　　　　　　　　　正解 □　完璧 □　✏️直前CHECK □

図は PLL による直接 FM（F3E）方式の変調器の原理的な構成図を示したものである．□□□内に入れるべき字句の正しい組合せを下の番号から選べ．

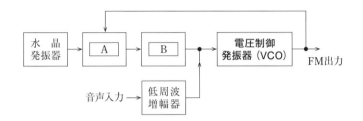

	A	B
1	周波数逓倍器	高域フィルタ(HPF)
2	周波数逓倍器	帯域フィルタ(BPF)
3	周波数逓倍器	低域フィルタ(LPF)
4	位相比較器(PC)	高域フィルタ(HPF)
5	位相比較器(PC)	低域フィルタ(LPF)

問 110　　　　　　　　　　　　　正解 □　完璧 □　✏️直前CHECK □

図は，位相同期ループ（PLL）を用いた周波数変調（FM）波の復調器の原理的構成例である．□□□内に入れるべき名称の正しい組合せを下の番号から選べ．

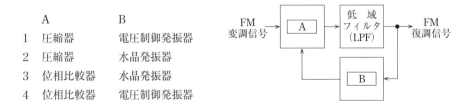

	A	B
1	圧縮器	電圧制御発振器
2	圧縮器	水晶発振器
3	位相比較器	水晶発振器
4	位相比較器	電圧制御発振器

注：**太字**は，ほかの試験問題で穴あきになった用語を示す．

📖 解説 → 問106

伝送速度を $B=156$〔Mbps〕$=156\times10^6$〔bps〕，1チャネル当たりのデータ速度を $D=64$〔kbps〕$=64\times10^3$〔bps〕とすると，伝送可能な最大チャネル数 C は，次式で表される．

$$C=\frac{B}{D}=\frac{156\times10^6}{64\times10^3}=\frac{156,000}{64}=2,437.5$$

よって，$C\fallingdotseq2,435$

📖 解説 → 問107

最高変調周波数を f_S〔kHz〕，変調指数を m とすると，占有周波数帯幅 B〔kHz〕は，次式で表される．

$$B=2\times(1+m)f_S=2\times(1+4)\times15=150〔kHz〕$$

📖 解説 → 問108

最高変調周波数を f_S〔kHz〕，変調指数を m とすると，占有周波数帯幅 B〔kHz〕は，次式で表される．

$$B=2\times(1+m)f_S \qquad\qquad\cdots\cdots(1)$$

式(1)より，m を求めると，次式で表される．

$$m=\frac{B}{2f_S}-1=\frac{150}{2\times15}-1=5-1=4$$

問 111

正解 [　]　完璧 [　]　直前CHECK [　]

次の図は，PLL を用いた原理的な周波数変調（FM）波の復調器の構成を示したものである．このうち正しいものを下の番号から選べ．ただし，PC は位相比較器，LPF は低域フィルタ（LPF），VCO は電圧制御発振器を表す．また，S_{FM} は FM 変調信号，S_{AD} は FM 復調信号を表す．

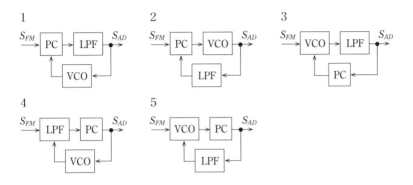

問 112

正解 [　]　完璧 [　]　直前CHECK [　]

次の記述は，受信機で発生する混信の一現象について述べたものである．該当する現象を下の番号から選べ．

一つの希望波信号を受信しているときに，二以上の強力な妨害波が到来し，それが，受信機の非直線性により，受信機内部に希望波信号周波数または受信機の中間周波数と等しい周波数を発生させ，希望波信号の受信を妨害する現象．

1 相互変調
2 感度抑圧効果
3 ハウリング
4 寄生振動

問 113　解説あり！　正解□　完璧□　直前CHECK□

受信機で発生する相互変調による混信についての記述として，正しいものを下の番号から選べ．

1 増幅回路および音響系を含む回路が，不要な帰還のため発振して，可聴音を発生すること．
2 増幅回路の配線等に存在するインダクタンスや静電容量により増幅回路が発振回路を形成し，妨害波を発振すること．
3 希望波信号を受信しているときに，妨害波のために受信機の感度が抑圧される現象．
4 一つの希望波信号を受信しているときに，二以上の強力な妨害波が到来し，それが，受信機の非直線性により，受信機内部に希望波信号周波数または受信機の中間周波数と等しい周波数を発生させ，希望波信号の受信を妨害する現象．

問 114　解説あり！　正解□　完璧□　直前CHECK□

次の記述は，スーパヘテロダイン受信機において生じることがある混信妨害について述べたものである．このうち誤っているものを下の番号から選べ．

1 相互変調および混変調による混信妨害は，高周波増幅器などが入出力特性の直線範囲で動作するときに生じる．
2 相互変調および混変調による混信妨害は，受信機の入力レベルを下げることにより軽減できる．
3 近接周波数による混信妨害は，妨害波の周波数が受信周波数に近接しているときに生じる．
4 影像周波数による混信妨害は，高周波増幅器の選択度を向上させることにより軽減できる．

 増幅器の動作が直線範囲だと，
ひずみや妨害は生じないよ．

解答 問111→1　問112→1

問題

問 115　📖 解説あり！　　　　　　　正解 □　完璧 □　✏ 直前CHECK □

　図に示す構成のスーパヘテロダイン受信機において，受信電波の周波数が 149.6〔MHz〕のとき，影像周波数の値として，正しいものを下の番号から選べ．ただし，中間周波数は 10.7〔MHz〕とし，局部発振器の発振周波数は受信周波数より低いものとする．

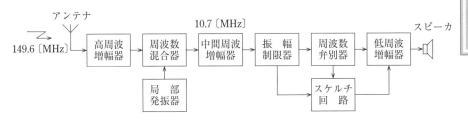

1　106.8〔MHz〕
2　117.5〔MHz〕
3　128.2〔MHz〕
4　138.9〔MHz〕
5　160.3〔MHz〕

問 116　　　　　　　　　　　　　　正解 □　完璧 □　✏ 直前CHECK □

　次の記述は，デジタル無線回線における伝送特性の補償について述べたものである．□□□内に入れるべき字句の正しい組合せを下の番号から選べ．

(1) 周波数選択性フェージングなどによる伝送特性の劣化は，受信信号のビット誤り率が□ A □なる原因となる．

(2) このため，伝送中に生ずる受信信号の振幅や位相のひずみをその変化に応じて補償する回路 (装置) が用いられる．この回路は，周波数領域で補償する回路と時間領域で補償する回路に大別される．この回路は，一般的に□ B □と呼ばれる．

	A	B
1	小さく	等化器
2	小さく	分波器
3	小さく	圧縮器
4	大きく	分波器
5	大きく	等化器

📖 解説➡問113

誤っている選択肢は次の現象についての記述である.

1　ハウリング
2　寄生振動
3　感度抑圧効果

📖 解説➡問114

誤っている選択肢は正しくは次のようになる.

1　相互変調および混変調による混信妨害は，高周波増幅器などが入出力特性の**非直線**範囲で動作するときに生じる.

📖 解説➡問115

受信電波の周波数を $f_R = 149.6$〔MHz〕，中間周波数を $f_I = 10.7$〔MHz〕とすると，局部発振周波数 f_L〔MHz〕は，受信電波の周波数より低い条件から，次式で表される.

$$f_L = f_R - f_I = 149.6 - 10.7 = 138.9 \text{〔MHz〕}$$

妨害波の影像周波数を f_U〔MHz〕とすると，次式で表される.

$$f_U = f_L - f_I = 138.9 - 10.7 = 128.2 \text{〔MHz〕}$$

また，$f_U = f_R - 2f_I$ の式で求めることもできる.

$f_R < f_L$ の条件では，$f_U = f_R + 2f_I$ となる.

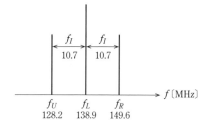

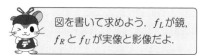

図を書いて求めよう．f_L が鏡，f_R と f_U が実像と影像だよ.

解答 問113➡4　問114➡1　問115➡3　問116➡5

問題

問 117　正解 ☐　完璧 ☐　直前CHECK ☐

次の記述は，デジタル無線通信に用いられる一つの回路（装置）について述べたものである．該当する回路の一般的な名称として適切なものを下の番号から選べ．

周波数選択性フェージング等による伝送特性の劣化は，波形ひずみとなって現れて符号誤り率が大きくなる原因となるため，伝送中に生ずる受信信号の振幅や位相のひずみをその変化に応じて補償する回路が用いられる．この回路は，周波数領域で補償する回路と時間領域で補償する回路に大別される．

1　符号器　　2　等化器　　3　導波器　　4　分波器

問 118　解説あり！　正解 ☐　完璧 ☐　直前CHECK ☐

受信機の雑音指数が 6 [dB]，等価雑音帯域幅が 10 [MHz] および周囲温度が 17 [℃] のとき，この受信機の雑音出力を入力に換算した等価雑音電力の値として，最も近いものを下の番号から選べ．ただし，ボルツマン定数は $1.38×10^{-23}$ [J/K]，$\log_{10}2=0.3$ とする．

1　$5.3×10^{-14}$ [W]　　2　$8.0×10^{-14}$ [W]
3　$1.6×10^{-13}$ [W]　　4　$3.2×10^{-13}$ [W]
5　$6.4×10^{-13}$ [W]

温度 T_C[℃]をケルビンで表した値 T[K]は，$T=273+T_C$ の式で求めるよ．17[℃] は 290[K]，27[℃] は 300[K]だよ．

問 119　解説あり！　正解 ☐　完璧 ☐　直前CHECK ☐

受信機の雑音指数が 6 [dB]，周囲温度が 17 [℃] および受信機の雑音出力を入力に換算した等価雑音電力の値が $1.92×10^{-13}$ [W] のとき，この受信機の等価雑音帯域幅の値として，最も近いものを下の番号から選べ．ただし，ボルツマン定数は $1.38×10^{-23}$ [J/K]，$\log_{10}2=0.3$ とする．

1　5 [MHz]　　2　6 [MHz]　　3　8 [MHz]　　4　10 [MHz]　　5　12 [MHz]

問 120　解説あり！　正解 ☐　完璧 ☐　直前CHECK ☐

受信機の内部で発生した雑音を入力端に換算した等価雑音温度 T_e [K]は，雑音指数を F（真数），周囲温度を T_o [K]とすると，$T_e=T_o(F-1)$ [K]で表すことができる．このとき雑音指数を 7 [dB]，周囲温度を 17 [℃] とすると，T_e の値として，最も近いものを下の番号から選べ．ただし，$\log_{10}2=0.3$ とする．

1　580 [K]　　2　870 [K]　　3　1,160 [K]　　4　1,450 [K]　　5　2,030 [K]

📖 解説➡問118

受信機の雑音指数 6〔dB〕の真数を F とすると，次式が成り立つ.

$$6〔\mathrm{dB}〕 = 3 + 3 = 10 \log_{10} 2 + 10 \log_{10} 2 = 10 \log_{10}(2 \times 2) = 10 \log_{10} 4$$
$$= 10 \log_{10} F \qquad \text{よって，} F = 4$$

周囲温度 T_C〔℃〕をケルビンで表した値 T〔K〕は，

$$T = 273 + T_C = 273 + 17 = 290 〔\mathrm{K}〕$$

ボルツマン定数を k〔J／K〕，周囲温度を T〔K〕，等価雑音帯域幅を B〔Hz〕とすると，等価雑音電力 N_R〔W〕は，次式で表される.

$$N_R = kTBF$$
$$= 1.38 \times 10^{-23} \times 290 \times 10 \times 10^{6} \times 4 = 1.38 \times 290 \times 4 \times 10^{1-23+6}$$
$$\fallingdotseq 4 \times 10^{2} \times 4 \times 10^{-16} = 16 \times 10^{-14} = 1.6 \times 10^{-13} 〔\mathrm{W}〕$$

📖 解説➡問119

受信機の雑音指数 6〔dB〕の真数を $F = 4$，周囲温度 $T_C = 17$〔℃〕をケルビンで表した値を $T = 290$〔K〕，ボルツマン定数を k〔J／K〕，等価雑音帯域幅を B〔Hz〕とすると，等価雑音電力 N_R〔W〕は，次式で表される.

$$N_R = kTBF \qquad\qquad \cdots\cdots(1)$$

式 (1) より，等価雑音帯域幅 B を求めると，次式で表される.

$$B = \frac{N_R}{kTF} = \frac{1.92 \times 10^{-13}}{1.38 \times 10^{-23} \times 290 \times 4} = \frac{192 \times 10^{-15}}{1.38 \times 2.9 \times 4} \times 10^{-(-21)}$$
$$\fallingdotseq \frac{192}{16} \times 10^{6} = 12 \times 10^{6} 〔\mathrm{Hz}〕 = 12 〔\mathrm{MHz}〕$$

> 指数の計算に注意してね．といっても選択肢の数字はみんな違うので，指数を間違えても大丈夫だけどね.

📖 解説➡問120

受信機の雑音指数 7〔dB〕の真数を F とすると，次式が成り立つ.

$$7〔\mathrm{dB}〕 = 10 - 3 = 10 \log_{10} 10 - 10 \log_{10} 2 = 10 \log_{10}(10 \div 2) = 10 \log_{10} 5$$
$$= 10 \log_{10} F \qquad \text{よって，} F = 5$$

周囲温度 $T_C = 17$〔℃〕をケルビンで表した値を $T = 290$〔K〕とすると，等価雑音温度 T_e〔K〕は，次式で表される.

$$T_e = T(F - 1) = 290 \times (5 - 1) = 1,160 〔\mathrm{K}〕$$

解答 問117➡2　問118➡3　問119➡5　問120➡3

問題

問 121 📖 解説あり！　　　　正解 □　完璧 □　🖊 直前CHECK □

受信機の雑音指数 (F) は, 受信機の内部で発生した雑音を入力端に換算した等価雑音温度 T_e〔K〕と周囲温度 T_0〔K〕が与えられたとき, $F=1+T_e/T_0$ で表すことができる. T_e が 870〔K〕, 周囲温度が 17〔°C〕のときの F をデシベルで表した値として, 最も近いものを下の番号から選べ. ただし, $\log_{10}2=0.3$ とする.

1　3〔dB〕　　　2　4〔dB〕　　　3　5〔dB〕　　　4　6〔dB〕　　　5　8〔dB〕

問 122 📖 解説あり！　　　　正解 □　完璧 □　🖊 直前CHECK □

2 段に縦続接続された増幅器の総合の雑音指数の値 (真数) として, 最も近いものを下の番号から選べ. ただし, 初段の増幅器の雑音指数を 3〔dB〕, 電力利得を 10〔dB〕とし, 次段の増幅器の雑音指数を 10〔dB〕とする. また, $\log_{10}2=0.3$ とする.

1　2.1　　　2　2.3　　　3　2.9　　　4　3.9　　　5　4.8

問 123 📖 解説あり！　　　　正解 □　完璧 □　🖊 直前CHECK □

2 段に縦続接続された増幅器の総合の等価雑音温度の値として, 最も近いものを下の番号から選べ. ただし, 初段の増幅器の等価雑音温度を 270〔K〕, 電力利得を 6〔dB〕, 次段の増幅器の等価雑音温度を 400〔K〕とする. また, $\log_{10}2=0.3$ とする.

1　337〔K〕　　　2　370〔K〕　　　3　396〔K〕　　　4　445〔K〕　　　5　468〔K〕

問 124　　　　正解 □　完璧 □　🖊 直前CHECK □

次の記述は, ダイバーシティ方式について述べたものである. このうち誤っているものを下の番号から選べ.

1　十分に遠く離した二つ以上の伝送路を設定し, これを切り替えて使用する方法は, ルートダイバーシティ方式といわれる.
2　2 基以上の受信アンテナを空間的に離れた位置に設置して, それらの受信信号を切り替えるかまたは合成するダイバーシティ方式は, スペースダイバーシティ方式といわれる.
3　周波数によりフェージングの影響が異なることを利用して, 二つの異なる周波数を用いるダイバーシティ方式は, 偏波ダイバーシティ方式といわれる.
4　ダイバーシティ方式を用いることにより, フェージングの影響を軽減することができる.

📖 **解説 → 問121**

周囲温度 $T_C = 17$〔℃〕をケルビンで表した値を $T_o = 290$〔K〕とすると，受信機の雑音指数 F（真数）は，次式で表される．

$$F = 1 + \frac{T_e}{T_o} = 1 + \frac{870}{290} = 1 + 3 = 4$$

雑音指数 F を dB 値 F_{dB} で表すと，

$$F_{dB} = 10 \log_{10} 4 = 10 \log_{10}(2 \times 2)$$
$$= 10 \log_{10} 2 + 10 \log_{10} 2 = 10 \times 0.3 + 10 \times 0.3 = 3 + 3 = 6 \text{〔dB〕}$$

📖 **解説 → 問122**

初段の雑音指数 3〔dB〕の真数を $F_1 = 2$，初段の電力利得 10〔dB〕の真数を $G_1 = 10$，次段の雑音指数 10〔dB〕の真数を $F_2 = 10$ とすると，総合の雑音指数 F（真数）は，次式で表される．

$$F = F_1 + \frac{F_2 - 1}{G_1} = 2 + \frac{10 - 1}{10} = 2 + 0.9 = 2.9$$

📖 **解説 → 問123**

初段の電力利得 6〔dB〕の真数を G_1 とすると，次式が成り立つ．

$$6 \text{〔dB〕} = 3 + 3 = 10 \log_{10} 2 + 10 \log_{10} 2 = 10 \log_{10}(2 \times 2) = 10 \log_{10} 4$$
$$= 10 \log_{10} G_1 \qquad \text{よって，} G_1 = 4$$

初段と次段の増幅器の等価雑音温度をそれぞれ T_1, T_2〔K〕とすると，総合の等価雑音温度 T_e〔K〕は，次式で表される．

$$T_e = T_1 + \frac{T_2}{G_1}$$

$$= 270 + \frac{400}{4} = 270 + 100 = 370 \text{〔K〕}$$

電力比の計算は，3〔dB〕は 2 倍，6〔dB〕は 4 倍，10〔dB〕は 10 倍を覚えてね．

解答 問121 → 4　問122 → 3　問123 → 2　問124 → 3

📝 **ミニ解説** 問124 （正）周波数ダイバーシティ方式といわれる．

問題

問 125

正解 □　完璧 □　🖊 直前CHECK □

次の記述は，ダイバーシティ方式について述べたものである．このうち誤っているものを下の番号から選べ．

1　ダイバーシティ方式は，同時に回線品質が劣化する確率が大きい複数の通信系を設定して，その受信信号を切り替えるかまたは合成することで，フェージングによる信号出力の変動を軽減するための方法である．
2　垂直偏波と水平偏波のように直交する偏波のフェージングの影響が異なることを利用したダイバーシティ方式を，偏波ダイバーシティ方式という．
3　周波数によりフェージングの影響が異なることを利用して，二つの異なる周波数を用いるダイバーシティ方式を，周波数ダイバーシティ方式という．
4　2基以上のアンテナを空間的に離れた位置に設置して，それらの受信信号を切り替えるかまたは合成するダイバーシティ方式を，スペースダイバーシティ方式という．

問 126

正解 □　完璧 □　🖊 直前CHECK □

次の記述は，マイクロ波通信等におけるダイバーシティ方式について述べたものである．□内に入れるべき字句の正しい組合せを下の番号から選べ．

(1) ダイバーシティ方式とは，同時に回線品質が劣化する確率が □ A □ 二つ以上の通信系を設定して，それぞれの通信系の出力を選択または合成することにより**フェージング**の影響を軽減するものである．
(2) 十分に遠く離した二つ以上の伝送路を設定し，これを切り替えて使用する方法は □ B □ ダイバーシティ方式といわれる．
(3) 二つの受信アンテナを空間的に離すことにより二つの伝送路を構成し，この出力を選択または合成する方法は □ C □ ダイバーシティ方式といわれる．

	A	B	C
1	大きい	ルート	偏波
2	大きい	周波数	スペース
3	大きい	ルート	スペース
4	小さい	周波数	偏波
5	小さい	ルート	スペース

注：**太字**は，ほかの試験問題で穴あきになった用語を示す．

問 127　　　　　　　　　　正解 □　完璧 □　✎ 直前 CHECK □

　図は，地球局の送受信装置の構成例を示したものである．□□□内に入れるべき字句の正しい組合せを下の番号から選べ．なお，同じ記号の□□□内には，同じ字句が入るものとする．

解答

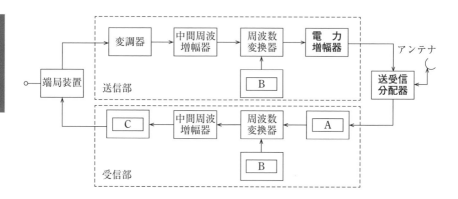

	A	B	C
1	低雑音増幅器	局部発振器	復調器
2	低雑音増幅器	ビデオ増幅器	高周波増幅器
3	低雑音増幅器	局部発振器	高周波増幅器
4	低周波増幅器	ビデオ増幅器	高周波増幅器
5	低周波増幅器	局部発振器	復調器

> アンテナから来る信号は高周波だから，低周波増幅器は間違いだね．
> 機能を表す図に，入る矢印がなくて出る矢印だけなのは発振器だよ．

注：**太字**は，ほかの試験問題で穴あきになった用語を示す．

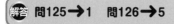
解答　問125 → 1　問126 → 5

ミニ解説　問125　（正）確率が**小さい**複数の通信系

問題

問 128

正解 ☐ 完璧 ☐ 直前 CHECK ☐

次の記述は，地球局を構成する装置について述べたものである．☐内に入れるべき字句の正しい組合せを下の番号から選べ．

(1) 衛星通信における伝送距離は，地上マイクロ波方式に比べて極めて長くなるため，地球局装置には，アンテナ利得の増大，送信出力の増大および受信雑音温度の ☐ A ☐ 等が必要であり，受信装置の低雑音増幅器には HEMT (High Electron Mobility Transistor) 等が用いられている．

(2) 衛星通信用アンテナとして用いられているカセグレンアンテナの一般的な特徴は，パラボラアンテナと異なり，1次放射器が ☐ B ☐ 側にあるので，☐ C ☐ の長さが短くてすむため損失が少なく，かつ，側面，背面への漏れ電波が少ない．

	A	B	C
1	低減	副反射器	副反射器の支持柱
2	低減	主反射器	給電用導波管
3	低減	副反射器	給電用導波管
4	増大	副反射器	副反射器の支持柱
5	増大	主反射器	給電用導波管

問 129

正解 ☐ 完璧 ☐ 直前 CHECK ☐

次の記述は，通信衛星（静止衛星）に搭載される中継器（トランスポンダ）について述べたものである．このうち誤っているものを下の番号から選べ．

1 中継器は，通常，低雑音増幅器，周波数変換器，電力増幅器等で構成される．
2 通信衛星が受信した微弱な信号は，低雑音増幅器で増幅された後，送信周波数に変換される．
3 通信衛星の送信周波数は，一般に受信周波数より低い周波数が用いられる．
4 中継器の電力増幅器には，主にマグネトロンが用いられている．

問題

問 130　　　　　　　　　　　　　正解 □　完璧 □　✎ 直前 CHECK □

　次の記述は，衛星通信に用いられる VSAT システムについて述べたものである．このうち正しいものを下の番号から選べ．

1　VSAT システムは，1.6〔GHz〕帯と 1.5〔GHz〕帯の UHF 帯の周波数が用いられている．

2　VSAT 地球局（ユーザー局）は，小型軽量の装置であり，主に車両に搭載して走行中の通信に用いられている．

3　VSAT 地球局（ユーザー局）には，八木・宇田アンテナ（八木アンテナ）が用いられることが多い．

4　VSAT システムは，一般に，中継装置（トランスポンダ）を持つ宇宙局，回線制御および監視機能を持つ制御地球局（ハブ局）並びに複数の VSAT 地球局（ユーザー局）で構成される．

問 131　　　　　　　　　　　　　正解 □　完璧 □　✎ 直前 CHECK □

　次の記述は，衛星通信に用いられる VSAT システムについて述べたものである．このうち誤っているものを下の番号から選べ．

1　VSAT システムは，14〔GHz〕帯と 12〔GHz〕帯等の SHF 帯の周波数が用いられている．

2　VSAT 地球局（ユーザー局）に一般的に用いられるアンテナは，オフセットパラボラアンテナである．

3　VSAT 地球局（ユーザー局）は小型軽量の装置であるが，車両に搭載して走行中の通信に用いることはできない．

4　VSAT システムは，中継装置（トランスポンダ）を持つ宇宙局と複数の VSAT 地球局（ユーザー局）のみで構成でき，回線制御および監視機能を持つ制御地球局がなくてもよい．

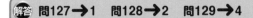

解答　問127➡1　問128➡2　問129➡4

ミニ解説　　問 129　マグネトロンは，増幅ではなくレーダーの発振器等に用いられている．

 問 132　　　　　　　　　　　　　正解 □　完璧 □　✎ 直前CHECK □

次の記述は，デジタルマイクロ波多重回線の中継方式について述べたものである．
□□□内に入れるべき字句の正しい組合せを下の番号から選べ．

(1) 図に示す中継方式の名称は，　A　中継方式である．

(2) 図に示す中継方式は，復調した信号から元の符号パルスを再生した後，再度変調して送信するため，波形ひずみ等が累積　B　．

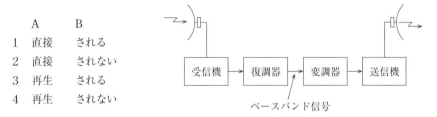

ベースバンド信号

	A	B
1	直接	される
2	直接	されない
3	再生	される
4	再生	されない

問 133　　　　　　　　　　　　　正解 □　完璧 □　✎ 直前CHECK □

次の記述は，マイクロ波 (SHF) 多重無線回線の中継方式について述べたものである．
□□□内に入れるべき字句の正しい組合せを下の番号から選べ．

(1) 受信したマイクロ波を中間周波数などに変換しないで，マイクロ波のまま所定の送信電力レベルに増幅して送信する方式を　A　中継方式という．この方式は，中継装置の構成が　B　である．

(2) 受信したマイクロ波を復調し，信号の等化増幅および同期の取直し等を行った後，変調して再びマイクロ波で送信する方式を　C　中継方式という．

	A	B	C
1	直接	簡単	再生
2	直接	複雑	非再生(ヘテロダイン)
3	直接	簡単	非再生(ヘテロダイン)
4	無給電	複雑	非再生(ヘテロダイン)
5	無給電	簡単	再生

問 134　　　　　　　　　　　　　正解 □　完璧 □　✏ 直前CHECK □

　次の記述は，マイクロ波多重回線の中継方式について述べたものである．□□内に入れるべき字句の正しい組合せを下の番号から選べ．

(1) 直接中継方式は，受信波を □ A □ 送信する方式である．
(2) 再生中継方式は，復調した信号から元の符号パルスを再生した後，再度変調して送信するため，波形ひずみ等が累積 □ B □．

　　A　　　　　　　　　　　　　　B
1　中間周波数に変換して　　　　されない
2　中間周波数に変換して　　　　される
3　マイクロ波のまま増幅して　　されない
4　マイクロ波のまま増幅して　　される

問 135　　　　　　　　　　　　　正解 □　完璧 □　✏ 直前CHECK □

　次の記述は，マイクロ波 (SHF) 多重無線回線の中継方式について述べたものである．□□内に入れるべき字句の正しい組合せを下の番号から選べ．

(1) 受信したマイクロ波を中間周波数に変換し，増幅した後，再びマイクロ波に変換して送信する方式を □ A □ 中継方式という．
(2) 受信したマイクロ波を復調し，信号の等化増幅および同期の取直し等を行った後，変調して再びマイクロ波で送信する方式を □ B □ 中継方式といい，□ C □ 通信に多く使用されている．

　　A　　　　　　　　　　　B　　　　　C
1　再生　　　　　　　　　　直接　　　デジタル
2　再生　　　　　　　　　　直接　　　アナログ
3　非再生(ヘテロダイン)　再生　　　アナログ
4　非再生(ヘテロダイン)　直接　　　アナログ
5　非再生(ヘテロダイン)　再生　　　デジタル

解答　問130➔4　問131➔4　問132➔4　問133➔1

ミニ解説

問130　1（正）14〔GHz〕帯と 12〔GHz〕帯等の SHF 帯の周波数　2（正）走行中の通信に用いることは**できない**．　3（正）**オフセットパラボラアンテナ**が用いられることが多い．

問131　（正）宇宙局，回線制御および監視機能を持つ**制御地球局 (ハブ局)** 並びに複数の VSAT地球局 (ユーザー局) で構成される．

問題

問 136　正解 □　完璧 □　✎ 直前CHECK □

　地上系マイクロ波 (SHF) のデジタル多重通信回線における再生中継方式についての記述として，正しいものを下の番号から選べ.

1　反射板等で電波の方向を変えることで中継を行い，中継用の電力を必要としない中継方式である.
2　中継局において，受信したマイクロ波を中間周波数に変換して増幅し，再びマイクロ波に変換して送信する方式である.
3　中継局において，受信したマイクロ波をいったん復調して信号の波形を整え，また同期を取り直してから再び変調して送信する方式である.
4　中継局において，受信したマイクロ波を固体増幅器等でそのまま増幅して送信する方式である.

問 137　正解 □　完璧 □　✎ 直前CHECK □

　次の記述は，地上系マイクロ波 (SHF) 多重通信における一つの中継方式について述べたものである. 該当する中継方式の名称として，適切なものを下の番号から選べ.

　この方式は，中継局において，受信したマイクロ波を中間周波数に変換して増幅し，再びマイクロ波に変換して送信する中継方式である.

1　無給電中継方式　　　　　　　　2　再生中継方式
3　非再生 (ヘテロダイン) 中継方式　　4　直接中継方式

問 138　正解 □　完璧 □　✎ 直前CHECK □

　次の記述は，地上系マイクロ波 (SHF) 多重通信における一つの中継方式について述べたものである. 該当する中継方式の名称として，適切なものを下の番号から選べ.

　この方式は，デジタル多重通信回線の中継局において，受信波を復調してパルスを整形し，同期を取り直して再び変調して送信する中継方式である.

1　無給電中継方式　　　　　　　　2　直接中継方式
3　再生中継方式　　　　　　　　　4　非再生 (ヘテロダイン) 中継方式

次の記述は，地上系マイクロ波（SHF）多重通信の無線中継方式の一つである反射板を用いた無給電中継方式について述べたものである．このうち誤っているものを下の番号から選べ．

1　見通し外の2地点が比較的近距離の場合に，反射板を用いて電波を目的の方向へ送出することができる．

2　中継による電力損失は，反射板の大きさが大きいほど少ない．

3　中継による電力損失は，電波の到来方向が反射板に直角に近いほど少ない．

4　反射板の大きさが一定のとき，その利得は波長が長くなるほど大きくなる．

次の記述は，地上系マイクロ波（SHF）多重通信の無線中継方式の一つである反射板を用いた無給電中継方式において，伝搬損失を少なくする方法について述べたものである．このうち誤っているものを下の番号から選べ．

1　反射板を2枚使用するときは，反射板の位置を互いに近づける．

2　反射板に対する電波の入射角度を大きくして，入射方向を反射板の反射面と平行に近づける．

3　反射板の面積を大きくする．

4　中継区間距離は，できるだけ短くする．

> 反射板に対する電波の入射角度は，反射板と垂直な線と入射方向との成す角度だよ．入射角度が小さいと反射板に電波が直角に入射して，大きいと平行だね．光が鏡に反射するのと同じだから，入射角度を小さくして直角に近づける方が強く反射するよ．

解答　問134→3　問135→5　問136→3　問137→3　問138→3

ミニ解説　　問 136　選択肢の1は無給電中継方式，2は非再生（ヘテロダイン）中継方式，4は直接中継方式についての記述である．

問 141　　　　　　　　　　　　　　正解 □　完璧 □　✎ 直前CHECK □

　次の記述は，図に示すマイクロ波（SHF）通信における2周波中継方式の一般的な送信および受信の周波数配置について述べたものである．このうち正しいものを下の番号から選べ．ただし，中継所A，中継所Bおよび中継所CをそれぞれA，BおよびCで表す．

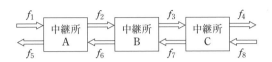

1　Aの受信周波数f_6とCの送信周波数f_7は，同じ周波数である．
2　Aの送信周波数f_2とCの受信周波数f_8は，同じ周波数である．
3　Aの送信周波数f_5とCの受信周波数f_3は，同じ周波数である．
4　Bの送信周波数f_3とCの送信周波数f_4は，同じ周波数である．
5　Aの受信周波数f_1とBの送信周波数f_6は，同じ周波数である．

各中継所において，二つの送信する周波数，二つの受信する周波数が同じだよ．つまりAのf_1とf_6が，Bのf_6とf_3が，Cのf_3とf_8がみんな同じだよ．試験問題の図の矢印を鉛筆で塗ると分かりやすいね．

問 142　　　　　　　　　　　　　　正解 □　完璧 □　✎ 直前CHECK □

　次の記述は，**問 141** の図に示すマイクロ波（SHF）通信における2周波中継方式の一般的な送信および受信の周波数配置について述べたものである．このうち誤っているものを下の番号から選べ．ただし，中継所A，中継所Bおよび中継所CをそれぞれA，BおよびCで表す．

1　Bの受信周波数f_2とCの送信周波数f_7は，同じ周波数である．
2　Aの送信周波数f_2とCの受信周波数f_3は，同じ周波数である．
3　Bの送信周波数f_3とAの受信周波数f_1は，同じ周波数である．
4　Aの送信周波数f_5とCの送信周波数f_4は，同じ周波数である．
5　Aの受信周波数f_6とCの受信周波数f_8は，同じ周波数である．

問 143　　　　　　　　　　　　　正解 □　完璧 □　✎ 直前 CHECK □

　次の記述は，地上系のマイクロ波（SHF）多重通信において生ずることのある干渉について述べたものである．□内に入れるべき字句の正しい組合せを下の番号から選べ．

(1) 無線中継所などにおいて，正規の伝搬経路以外から，目的の周波数またはその近傍の周波数の電波が受信されるために干渉を生ずることがある．この干渉波があると□A□後のビット誤りに影響を与えるので干渉雑音とも呼ばれる．

(2) 中継所のアンテナどうしのフロントバックやフロントサイド結合などによる干渉を軽減するため，用いるアンテナの放射パターンは，□B□による放射レベルの小さなものがよい．

(3) ラジオダクトの発生により，通常は影響を受けない見通し距離外の中継局から□C□による干渉を生ずることがある．

	A	B	C
1	変調	主ビーム	オーバーリーチ
2	変調	サイドローブ	ナイフエッジ
3	復調	主ビーム	オーバーリーチ
4	復調	主ビーム	ナイフエッジ
5	復調	サイドローブ	オーバーリーチ

解答　問139→4　問140→2　問141→5　問142→2

ミニ解説

問139　（正）利得は波長が**短く**なるほど大きくなる．
問140　（正）電波の入射角度を**小さく**して，入射方向を反射板の反射面と**直角**に近づける．
問141，142　f_1, f_3, f_6, f_8 が同じ周波数．f_2, f_4, f_5, f_7 が同じ周波数．

問 144　　　　　　　　　　　　　　　　正解 ☐　完璧 ☐　　直前CHECK ☐

　次の記述は，地上系のマイクロ波（SHF）多重通信において生ずることのある干渉について述べたものである．このうち誤っているものを下の番号から選べ．

1　干渉波は，干渉雑音とも呼ばれる．
2　干渉波は，受信機で復調後，雑音となり，信号対雑音比（S/N）が低下するのでビット誤りに影響を与える．
3　アンテナ相互間の結合による干渉を軽減するには，サイドローブの少ないアンテナを用いる．
4　送受信アンテナのサーキュレータの結合および受信機のフィルタ特性により，送受間干渉の度合いが異なる．
5　ラジオダクトによるオーバーリーチ干渉を避けるには，中継ルートを直線的に設定する．

問 145　　　　　　　　　　　　　　　　正解 ☐　完璧 ☐　　直前CHECK ☐

　次の記述は，衛星通信の多元接続の一方式について述べたものである．該当する方式を下の番号から選べ．

　各送信地球局は，同一の搬送周波数で，無線回線の信号が時間的に重ならないようにするため，自局に割り当てられた時間幅内に収まるよう自局の信号を分割して断続的に衛星に向け送出し，各受信地球局は，衛星からの信号を受信し，自局に割り当てられた時間幅内から自局向けの信号を抜き出す．

1　プリアサイメント
2　TDMA
3　CDMA
4　FDMA
5　SCPC

問 146　　　　　　　　　　　　正解 ☐　完璧 ☐　✎ 直前 CHECK ☐

　衛星通信の時分割多元接続（TDMA）の一方式について述べたものとして，正しいもの
を下の番号から選べ．

1　多数の局が同一の搬送周波数で一つの中継装置を用い，時間軸上で各局が送信すべき
　時間を分割して使用する方式である．
2　隣接する通信路間の干渉を避けるため，ガードバンドを設けて多重通信を行う方式で
　ある．
3　中継局において，受信波をいったん復調してパルスを整形し，同期を取り直して再び
　変調して送信する方式である．
4　呼があったときに周波数が割り当てられ，一つのチャネルごとに一つの周波数を使用し
　て多重通信を行う方式である．

問 147　　　　　　　　　　　　正解 ☐　完璧 ☐　✎ 直前 CHECK ☐

　次の記述は，直接スペクトル拡散方式を用いた符号分割多元接続（CDMA）について述
べたものである．このうち正しいものを下の番号から選べ．

1　遠近問題の解決策として，送信電力制御という方法がある．
2　拡散後の信号（チャネル）の周波数帯域幅は，拡散前の信号の周波数帯域幅よりはるか
　に狭い．
3　同一周波数帯域幅内に複数の信号（チャネル）は混在できない．
4　傍受され易く秘話性が悪い．

解答 問143→5　問144→5　問145→2

ミニ解説
　問 144　（正）中継ルートを**ジグザグ**に設定する．

問 148　　　　　　　　　　　　　　正解 ☐　完璧 ☐　✎ 直前 CHECK ☐

　次の記述は，直接スペクトル拡散方式を用いた符号分割多元接続 (CDMA) について述べたものである．このうち誤っているものを下の番号から選べ．

1　擬似雑音 (PN) コードは，拡散符号として用いられる．
2　傍受されにくく秘話性が高い．
3　拡散後の信号 (チャネル) の周波数帯域幅は，拡散前の信号の周波数帯域幅よりはるかに狭い．
4　遠近問題の解決策として，送信電力制御という方法がある．

問 149　　　　　　　　　　　　　　正解 ☐　完璧 ☐　✎ 直前 CHECK ☐

　次の記述は，スペクトル拡散 (SS) 通信方式について述べたものである．　　　内に入れるべき字句の正しい組合せを下の番号から選べ．なお，同じ記号の　　　内には，同じ字句が入るものとする．

(1) スペクトル拡散方式には，　A　方式，**周波数ホッピング**方式などがある．
(2) 　A　方式を用いる符号分割多元接続 (CDMA) の特徴は，　B　が良いこと，混信妨害の影響が小さいことなど優れた点がある．反面，基地局と移動局間の距離差などによって発生する遠近問題があり，この対策として　C　送信機の送信電力の制御が行われている．

	A	B	C
1	同時通話	冗長性	移動局側
2	同時通話	秘匿性	基地局側
3	同時通話	冗長性	基地局側
4	直接拡散	秘匿性	基地局側
5	直接拡散	秘匿性	移動局側

注：**太字**は，ほかの試験問題で穴あきになった用語を示す．

問題

問 150　　　　　　　　　　　正解 [　] 完璧 [　] 🖊 直前CHECK [　]

　次の記述は，直接拡散方式を用いるスペクトル拡散 (SS) 通信について述べたものである．[　　]内に入れるべき字句の正しい組合せを下の番号から選べ．

(1) この方式は，狭帯域信号を[A]によって広帯域信号に変換して伝送し，受信側で元の狭帯域信号に変換するもので，[B]などに優れている．

(2) また，この方式は，受信時に混入した狭帯域の妨害波は受信側で拡散されるので，狭帯域の妨害波に[C]．

	A	B	C
1	拡散符号	冗長性	弱い
2	拡散符号	秘匿性	強い
3	拡散符号	秘匿性	弱い
4	単一正弦波	冗長性	弱い
5	単一正弦波	秘匿性	強い

　ABCの三つの穴あき問題で選択肢が五つあるときは，普通はAから埋めていくでしょ．そのとき，埋める字句は少ない方の二つか多い方の三つだね．この問題では「単一正弦波」が二つで「拡散符号」が三つだね．ここでAの穴に入る字句が，少ない方の二つだと，次のBの穴に入る字句が分かれば答えが分かるよ．だから，Aの穴に入る字句は三つあることが多いよ．でもA・B・Cの全部が三つはあまりなくて，3・3・2か3・2・3のことが多いよ．全く分からない問題のときは試してみてね．

📄 **解答**　問146→1　問147→1　問148→3　問149→5

ミニ解説

問 146　2（正）ガードタイムを設けて　3は再生中継方式についての記述．4はデマンドアサイメントについての記述．

問 147　2（正）はるかに広い．3（正）混在できる．4（正）傍受されにくく秘話性が高い．

問 148　（正）はるかに広い．

問 151　　正解 □　完璧 □　直前 CHECK □

　次の記述は，符号分割多元接続方式（CDMA）を利用した携帯無線通信システムについて述べたものである．□内に入れるべき字句の正しい組合せを下の番号から選べ．

(1) ソフトハンドオーバは，すべての基地局のセル，セクタで　A　周波数を使用することを利用して，移動局が複数の基地局と並行して通信を行うことで，セル　B　での短区間変動の影響を軽減し，通信品質を向上させる技術である．

(2) マルチパスによる遅延波を RAKE 受信と呼ばれる手法により分離し，遅延時間を合わせて　C　で合成することで受信電力の増加と安定化を図っている．

	A	B	C
1	同じ	中央	逆位相
2	同じ	境界	同位相
3	同じ	境界	逆位相
4	異なる	境界	逆位相
5	異なる	中央	同位相

問 152　　正解 □　完璧 □　直前 CHECK □

　次の記述は，符号分割多元接続方式（CDMA）を利用した携帯無線通信システムの遠近問題について述べたものである．□内に入れるべき字句の正しい組合せを下の番号から選べ．

(1) 　A　周波数を複数の移動局が使用する CDMA では，遠くの移動局の弱い信号が基地局に近い移動局からの干渉雑音を強く受け，基地局で正常に受信できなくなる現象が起きる．これを遠近問題と呼んでいる．

(2) 遠近問題を解決するためには，受信電力が　B　局で同一になるようにすべての　C　局の送信電力を制御する必要がある．

	A	B	C
1	異なる	基地	移動
2	異なる	移動	基地
3	同じ	移動	基地
4	同じ	基地	移動
5	同じ	基地	基地

　次の記述は，直交周波数分割多重（OFDM）伝送方式について述べたものである．このうち誤っているものを下の番号から選べ．ただし，OFDM伝送方式で用いる多数のキャリアをサブキャリアという．

1　単一キャリアのみを用いた伝送方式に比べて，OFDM伝送方式では高速のビット列を多数のサブキャリアを用いて周波数軸上で分割して伝送することで，サブキャリア1本当たりのシンボルレートを高くできる．

2　ガードインターバルは，遅延波によって生ずる符号間干渉を軽減するために付加される．

3　各サブキャリアを分割してユーザが利用でき，必要なチャネル相当分を周波数軸上に多重化できる．

4　図に示すサブキャリアの周波数間隔Δfは，有効シンボル期間長（変調シンボル長）T_sの逆数と等しく（$\Delta f = 1/T_s$）なっている．

5　OFDM伝送方式を用いると，一般に単一キャリアのみを用いた伝送方式に比べマルチパスによる遅延波の影響を受け難い．

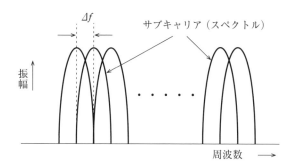

サブキャリア間のスペクトルの関係を示す略図

問題

問 154　　　正解 ☐　完璧 ☐　🖊 直前CHECK ☐

次の記述は，直交周波数分割多重（OFDM）伝送方式について述べたものである．このうち誤っているものを下の番号から選べ．ただし，OFDM伝送方式で用いる多数のキャリアをサブキャリアという．

1　高速のビット列を多数のサブキャリアを用いて周波数軸上で分割して伝送する方式である．
2　**問 153** の図に示すサブキャリア間の周波数間隔 Δf は，有効シンボル期間長（変調シンボル長）T_s の逆数と等しく（$\Delta f = 1/T_s$）なっている．
3　ガードインターバルは，遅延波によって生ずる符号間干渉を軽減するために付加される．
4　OFDM伝送方式を用いると，シングルキャリアをデジタル変調した場合に比べて伝送速度はそのままでシンボル期間長を短くできる．
5　ガードインターバルは，送信側で付加される．

問 155　📖 解説あり！　　　正解 ☐　完璧 ☐　🖊 直前CHECK ☐

直交周波数分割多重（OFDM）において，**問 153** の図に示すサブキャリアの周波数間隔 Δf が 25〔kHz〕のときの有効シンボル期間長（変調シンボル長）の値として，正しいものを下の番号から選べ．

1　15〔μs〕　　2　30〔μs〕　　3　40〔μs〕　　4　50〔μs〕　　5　60〔μs〕

問 156　📖 解説あり！　　　正解 ☐　完璧 ☐　🖊 直前CHECK ☐

直交周波数分割多重（OFDM）において，有効シンボル期間長（変調シンボル長）が 50〔μs〕のとき，**問 153** の図に示すサブキャリアの周波数間隔 Δf の値として，正しいものを下の番号から選べ．

1　5〔kHz〕　　2　10〔kHz〕　　3　15〔kHz〕　　4　20〔kHz〕　　5　30〔kHz〕

📖 解説➡問155

サブキャリアの周波数間隔を$\Delta f = 25 \,(\text{kHz}) = 25 \times 10^3 \,(\text{Hz})$とすると，有効シンボル期間長$t\,(\text{s})$は，次式で表される．

$$t = \frac{1}{\Delta f}$$

$$= \frac{1}{25 \times 10^3} = \frac{1}{25} \times 10^{-3} = \frac{1}{25} \times 10^{-3} \times 10^3 \times 10^{-3}$$

$$= \frac{1,000}{25} \times 10^{-6}$$

$$= 40 \times 10^{-6} \,(\text{s}) = 40 \,(\mu\text{s})$$

$\dfrac{1}{10^3} = 10^{-3}$，$\mu$は$10^{-6}$なので，$10^{-6}$の式とするために，$10^3 \times 10^{-3}$を掛けるよ．

指数の計算に注意してね．といっても選択肢の数字はみんな違うので，指数を間違えても大丈夫だけどね．

📖 解説➡問156

有効シンボル期間長を$t = 50 \,(\mu\text{s}) = 50 \times 10^{-6} \,(\text{s})$とすると，サブキャリアの周波数間隔$\Delta f\,(\text{Hz})$は，次式で表される．

$$\Delta f = \frac{1}{t}$$

$$= \frac{1}{50 \times 10^{-6}} = \frac{1}{50} \times 10^6 = \frac{1}{50} \times 10^3 \times 10^3$$

$$= \frac{1,000}{50} \times 10^3$$

$$= 20 \times 10^3 \,(\text{Hz}) = 20 \,(\text{kHz})$$

$\dfrac{1}{10^{-6}} = 10^{-(-6)} = 10^6$，$k$は$10^3$なので，$10^6$の式とするために，$10^6$を$10^3 \times 10^3$にしてね．

この問題も指数の計算を間違えても大丈夫だね．

解答 問153➡1　問154➡4　問155➡3　問156➡4

ミニ解説
　問153　（正）サブキャリア1本当たりのシンボルレートを**低く**できる．
　問154　（正）伝送速度はそのままでシンボル期間長を**長く**できる．

問 157

正解 [　]　完璧 [　]　 直前 CHECK [　]

次の記述は，直交周波数分割多元接続 (OFDMA) について述べたものである．このうち誤っているものを下の番号から選べ．

1　FDD (周波数分割複信) に適用することができるが，TDD (時分割複信) には適用することができない．
2　WiMAX (直交周波数分割多元接続方式広帯域移動無線アクセスシステム) で利用されている．
3　サブキャリアを複数のユーザーが共有し，割り当てて使用することにより，効率的な通信を実現することができる．
4　ある程度，周波数を離したサブキャリアをセットとして用いることによって，送信側の増幅器でサブキャリア間の相互変調を起こし難くできる．

問 158

正解 [　]　完璧 [　]　直前 CHECK [　]

次の記述は，直交周波数分割多元接続 (OFDMA) について述べたものである．[　]内に入れるべき字句の正しい組合せを下の番号から選べ．

(1) OFDMA は，[　A　]の技術を利用したものであり，サブキャリアを複数のユーザーが共有し，割り当てて使用することにより，効率的な通信を実現することができる．
(2) また，ある程度，周波数を離したサブキャリアをセットとして用いることによって，送信側の増幅器でサブキャリア間の[　B　]を起こし難くできる．
(3) OFDMA は，一般的に 3.9 世代移動通信システムと呼ばれる携帯電話の通信規格である[　C　]の下り回線などで利用されている．

	A	B	C
1	CDM	相互変調	CDMA
2	CDM	拡散変調	LTE
3	OFDM	拡散変調	CDMA
4	OFDM	相互変調	LTE

問 159 　　　　　　　　　　　　　　正解 ☐　完璧 ☐　✐直前CHECK ☐

　次の記述は，無線LANや携帯電話等で用いられるMIMO（Multiple Input Multiple Output）の特徴等について述べたものである．　☐　内に入れるべき字句の正しい組合せを下の番号から選べ．

(1) MIMOでは，送信側と受信側の双方に複数のアンテナを設置し，送受信アンテナ間に　A　の伝送路を形成して，**空間多重伝送**による伝送容量の増大の実現を図ることができる．

(2) 例えば，ある基地局からある端末への通信（下りリンク）において，基地局の複数の送信アンテナから異なるデータ信号を送信しつつ，端末の複数の受信アンテナで信号を受信し，　B　により送信アンテナ毎のデータ信号に分離することができ，新たに周波数帯域を増やさずに　C　できる．

	A	B	C
1	複数	信号処理	高速伝送
2	複数	グレイ符号化	高速伝送
3	複数	グレイ符号化	伝送遅延を多く
4	単一	信号処理	高速伝送
5	単一	グレイ符号化	伝送遅延を多く

注：**太字**は，ほかの試験問題で穴あきになった用語を示す．

解答 問157→1　問158→4

問157 （正）一般に周波数の有効利用の面で有利な**TDD（時分割複信）方式**が適用されている．

無線工学 中継方式

次の記述は，MIMO（Multiple Input Multiple Output）の特徴などについて述べたものである．□□内に入れるべき字句の正しい組合せを下の番号から選べ．

(1) MIMO では，送信側と受信側の双方に複数のアンテナを設置し，マルチパス伝搬環境を積極的に利用することにより送受信アンテナ間に複数の伝送路を形成して，伝送容量の増大の実現あるいは伝送品質の向上を図ることができる．

　　例えば，基地局から端末への通信（下りリンク）において，複数の基地局送信アンテナから異なるデータ信号を送信しつつ，複数の端末受信アンテナで信号を受信し，信号処理技術により送信アンテナ毎のデータ信号に分離を行うことにより，新たに周波数帯域を増やさずに高速伝送できるため，周波数の利用効率に　A　いる．

(2) MIMO は，**WiMAX** や　B　などで用いられている．

```
　　A　　　　B
1　劣って　　LTE（Long Term Evolution）
2　優れて　　VSAT
3　優れて　　LTE（Long Term Evolution）
4　劣って　　VSAT
```

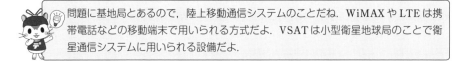

問題に基地局とあるので，陸上移動通信システムのことだね．WiMAX や LTE は携帯電話などの移動端末で用いられる方式だよ．VSAT は小型衛星地球局のことで衛星通信システムに用いられる設備だよ．

注：**太字**は，ほかの試験問題で穴あきになった用語を示す．

問題

次の記述は，衛星通信に用いられる多元接続方式および回線割当方式について述べたものである．□□□内に入れるべき字句の正しい組合せを下の番号から選べ．

(1) 各地球局がデジタル変調された搬送波を用いて，通信衛星の中継器を時分割で使用する方式をTDMA方式といい，断続する搬送波が互いに重なり合わないようにするため，□ A □を設ける必要がある．

(2) 回線割当方式は大別して二つあり，このうち地球局にあらかじめ所定の衛星回線を割り当てておく方式を□ B □方式という．

```
   A                 B
1  ガードバンド      デマンドアサイメント
2  ガードバンド      プリアサイメント
3  ガードタイム      デマンドアサイメント
4  ガードタイム      プリアサイメント
```

Tはタイム，時間のことだよ．

次の記述は，衛星通信に用いられる多元接続方式および回線割当方式について述べたものである．□□□内に入れるべき字句の正しい組合せを下の番号から選べ．

(1) 複数の地球局が，それぞれ別々の周波数の電波を，適切なガードバンドを設けて互いに周波数帯が重なり合わないようにして，送出する多元接続方式を□ A □方式という．

(2) 回線割当方式は大別して二つあり，このうち地球局からの回線割当て要求が発生するたびに回線を設定する方式を□ B □方式という．

```
   A         B
1  FDMA      デマンドアサイメント
2  FDMA      プリアサイメント
3  TDMA      プリアサイメント
4  TDMA      デマンドアサイメント
```

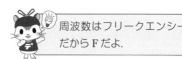

周波数はフリークエンシーだからFだよ．

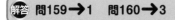

問題

問 163

正解 [　]　完璧 [　]　✎ 直前CHECK [　]

次の記述は，衛星通信の特徴について述べたものである．このうち誤っているものを下の番号から選べ．

1　衛星中継器の回線（チャネル）を地球局に割り当てる方式のうち，「呼の発生のたびに回線（チャネル）を設定し，通信が終了すると解消する割り当て方式」をプリアサイメントという．
2　FDMA方式では，衛星の中継器で多くの搬送波を共通増幅するため，中継器をできるだけ線形領域で動作させる必要がある．
3　TDMA方式は，複数の地球局が同一の送信周波数を用いて，時間的に信号が重ならないように衛星の中継器を使用する．
4　TDMA方式では，衛星の一つの中継器で一つの電波を増幅する場合，飽和領域付近で動作させることができ，中継器の送信電力を最大限利用できる．

デマンド（Demand）は，「要求する」という意味だよ．
プリ（Pre）は，「あらかじめ」だよ．

問 164

正解 [　]　完璧 [　]　✎ 直前CHECK [　]

衛星通信において，衛星中継器の回線（チャネル）を地球局に割り当てる方式のうち，「呼の発生のたびに回線（チャネル）を設定し，通信が終了すると解消する割り当て方式」の名称として，正しいものを下の番号から選べ．

1　FDMA
2　TDMA
3　SCPC
4　プリアサイメント
5　デマンドアサイメント

問題

問 165　　　　　　　　　　　　正解 □　完璧 □　✎ 直前 CHECK □

　次の記述は，気象観測用レーダーについて述べたものである．このうち誤っているものを下の番号から選べ．

1　航空管制用や船舶用レーダーは，航空機や船舶などの位置の測定に重点が置かれているのに対し，気象観測用レーダーは，気象目標から反射される電波の受信電力強度の測定にも重点が置かれる．
2　反射波の受信電力強度から降水強度を求めるためには，理論式のほかに事前の現場観測データによる補正が必要である．
3　気象観測に不必要な山岳や建築物からの反射波のほとんどは，その強度が変動しないことを利用して除去することができる．
4　表示方式には，RHI方式が適しており，PPI方式は用いられない．

問 166　　　　　　　　　　　　正解 □　完璧 □　✎ 直前 CHECK □

　次の記述は，気象観測用レーダーについて述べたものである．　□　内に入れるべき字句の正しい組合せを下の番号から選べ．

(1) 気象観測用レーダーの表示方式は，送受信アンテナを中心として物標の距離と方位を360度にわたって表示した　A　方式と，横軸を距離として縦軸に高さを表示した　B　方式が用いられている．

(2) 気象観測に不必要な山岳や建築物からの反射波のほとんどは，その強度が　C　ことを利用して除去することができる．

	A	B	C
1	RHI	PPI	変動しない
2	RHI	PPI	変動している
3	PPI	RHI	変動しない
4	PPI	RHI	変動している

解答　問161→4　問162→1　問163→1　問164→5

　　　　問 163　（正）衛星中継器の回線（チャネル）を地球局に割り当てる方式のうち，
　　　　「呼の発生のたびに回線（チャネル）を設定し，通信が終了すると解消する割り当て方式」を**デマンドアサイメント**という．
ミニ解説

問 167　正解　完璧　直前CHECK

次の記述は，パルスレーダーの最小探知距離について述べたものである．□□□内に入れるべき字句の正しい組合せを下の番号から選べ．

(1) 最小探知距離は，主としてパルス幅に　A　する．

(2) したがって，受信機の帯域幅を　B　し，パルス幅を　C　するほど近距離の目標が探知できる．

	A	B	C
1	比例	広く	狭く
2	比例	広く	広く
3	比例	狭く	広く
4	反比例	広く	狭く
5	反比例	狭く	広く

問 168　正解　完璧　直前CHECK

次の記述は，パルスレーダーの最大探知距離を向上させる方法について述べたものである．□□□内に入れるべき字句の正しい組合せを下の番号から選べ．

(1) アンテナ利得を　A　する．

(2) 送信電力を　B　する．

(3) 受信機の　C　を良くする．

	A	B	C
1	大きく	小さく	感度
2	大きく	小さく	耐電力
3	大きく	大きく	感度
4	小さく	小さく	耐電力
5	小さく	大きく	耐電力

問 169 解説あり！　　　　　正解 ☐ 完璧 ☐ ✐ 直前CHECK ☐

　パルスレーダーにおいて，パルス波が発射されてから，物標による反射波が受信されるまでの時間が 35〔μs〕であった．このときの物標までの距離の値として，最も近いものを下の番号から選べ．

1　2,625〔m〕
2　2,875〔m〕
3　5,250〔m〕
4　7,500〔m〕
5　10,500〔m〕

> 反射波が受信されるまでの時間は，電波が物標までの距離を往復する時間だよ．電波は1秒間に30万キロメートル進むから，速度は 3×10^8〔m/s〕だよ．

問 170 解説あり！　　　　　正解 ☐ 完璧 ☐ ✐ 直前CHECK ☐

　パルスレーダー送信機において，パルス幅が 0.7〔μs〕のときの最小探知距離の値として，最も近いものを下の番号から選べ．ただし，最小探知距離は，パルス幅のみによって決まるものとし，電波の伝搬速度を 3×10^8〔m/s〕とする．

1　35〔m〕　　　2　70〔m〕　　　3　105〔m〕　　　4　210〔m〕　　　5　420〔m〕

> パルス幅を τ〔μs〕の単位のままで，最小探知距離は $R=150\tau$〔m〕で求めることができるよ．τ はギリシャ文字で「タウ」と読むよ．

問 171 解説あり！　　　　　正解 ☐ 完璧 ☐ ✐ 直前CHECK ☐

　パルスレーダー送信機において，最小探知距離が 75〔m〕であった．このときのパルス幅の値として，最も近いものを下の番号から選べ．ただし，最小探知距離は，パルス幅のみによって決まるものとし，電波の伝搬速度を 3×10^8〔m/s〕とする．

1　0.1〔μs〕　　　2　0.125〔μs〕　　　3　0.25〔μs〕　　　4　0.5〔μs〕　　　5　1.0〔μs〕

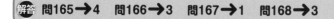
解答 問165→4　問166→3　問167→1　問168→3

ミニ解説　　**問165**　（正）RHI方式とPPI方式の両方が用いられる．

問 172　　　　　　　　　　　　　　　　正解 ☐　完璧 ☐　✎ 直前CHECK ☐

　次の記述は，パルスレーダーの最大探知距離を向上させる一般的な方法について述べたものである．このうち誤っているものを下の番号から選べ．

1　アンテナの海抜高または地上高を高くする．
2　アンテナの利得を大きくする．
3　送信電力を大きくする．
4　受信機の感度を良くする．
5　送信パルス幅を狭くし，パルス繰返し周波数を高くする．

問 173　　　　　　　　　　　　　　　　正解 ☐　完璧 ☐　✎ 直前CHECK ☐

　次の記述は，パルスレーダーの最大探知距離と最小探知距離について述べたものである．☐☐内に入れるべき字句の正しい組合せを下の番号から選べ．

(1) パルス幅を広くし，繰り返し周波数を ☐ A ☐ すると最大探知距離は大きくなる．
(2) アンテナ利得を大きくし，アンテナの高さを高くすると最大探知距離は大きくなるが，あまり高いとアンテナの ☐ B ☐ が大きくなる．
(3) 最小探知距離は，主としてパルス幅に ☐ C ☐ する．

	A	B	C
1	低く	死角	反比例
2	低く	放射抵抗	比例
3	低く	死角	比例
4	高く	放射抵抗	比例
5	高く	死角	反比例

 死角は，アンテナのビーム幅が狭くてすぐ近くを探知できない角度だよ．灯台もと暗しだね．

📖 解説➡問169

反射波が受信されるまでの時間 $t = 35 \, [\mu s] = 35 \times 10^{-6} \, [s]$ は，電波が物標までの距離 $R \, [m]$ を往復する時間となるので，電波の速度を $c = 3 \times 10^8 \, [m/s]$ とすると，次式が成り立つ．

$$2R = ct \qquad\qquad\qquad \cdots\cdots(1)$$

式 (1) より，R を求めると，次式で表される．

$$R = \frac{ct}{2}$$

$$= \frac{3 \times 10^8 \times 35 \times 10^{-6}}{2} = 52.5 \times 10^2 = 5,250 \, [m]$$

📖 解説➡問170

パルス幅を $\tau = 0.7 \, [\mu s] = 0.7 \times 10^{-6} \, [s]$，電波の速度を $c = 3 \times 10^8 \, [m/s]$ とすると，最小探知距離は，次式で表される．

$$R = \frac{c\tau}{2}$$

$$= \frac{3 \times 10^8 \times 0.7 \times 10^{-6}}{2} = 1.05 \times 10^2 = 105 \, [m]$$

パルス幅を $\tau \, [\mu s]$ として，$R = 150\tau \, [m]$ で求めてもよい．

📖 解説➡問171

最小探知距離を $R \, [m]$，電波の速度を $c = 3 \times 10^8 \, [m/s]$ とすると，パルス幅 $\tau \, [s]$ は，次式で表される．

$$\tau = \frac{2R}{c}$$

$$= \frac{2 \times 75}{3 \times 10^8} = 50 \times 10^{-8} = 0.5 \times 10^{-6} \, [s] = 0.5 \, [\mu s]$$

解答 問169➡3　問170➡3　問171➡4　問172➡5　問173➡3

問172　(正) 送信パルス幅を**広**くし，パルス繰返し周波数を**低**くする．

問 174

次の記述は，パルスレーダーのビーム幅と原理的な探知性能について述べたものである．□内に入れるべき字句の正しい組合せを下の番号から選べ．

(1) 図1は，レーダーアンテナの水平面内指向性を表したものであるが，放射電力密度（電力束密度）が最大放射方向の□A□に減る二つの方向のはさむ角θ_1をビーム幅といい，この幅が狭いほど，方位分解能が良くなる．

(2) 図2に示す物標の観測において，レーダーアンテナのビーム幅をθ_1とするとき，画面上での物標の表示は，ほぼ□B□となる．

	A	B
1	1/2	$\theta_1 + \theta_2$
2	1/2	$\theta_2 - 2\theta_1$
3	1/4	$\theta_2 - 2\theta_1$
4	1/4	$\theta_1 + \theta_2$

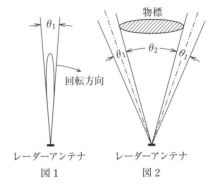

レーダーアンテナ　　　レーダーアンテナ
図1　　　　　　　　　図2

問 175

次の記述は，パルスレーダーの動作原理等について述べたものである．このうち誤っているものを下の番号から選べ．

1　問 174 の図1は，レーダーアンテナの水平面内指向性を表したものであるが，放射電力密度（電力束密度）が最大放射方向の1/2に減る二つの方向のはさむ角θ_1をビーム幅という．

2　問 174 の図2に示す物標の観測において，レーダーアンテナのビーム幅をθ_1とすると，画面上での物標の表示は，ほぼ$\theta_2 - 2\theta_1$となる．

3　最小探知距離を短くするには，送信パルス幅を狭くする．

4　水平面内のビーム幅が狭いほど，方位分解能は良くなる．

　次の記述は，パルスレーダーの性能について述べたものである．[　]内に入れるべき字句の正しい組合せを下の番号から選べ．

(1) パルス幅を広くし，繰返し周波数を[　A　]すると最大探知距離は大きくなる．

(2) 距離分解能は，同一方位にある二つの物標を識別できる能力を表し，パルス幅が[　B　]ほど良くなる．

(3) 最小探知距離は，主としてパルス幅に[　C　]する．

	A	B	C
1	高く	広い	比例
2	高く	狭い	反比例
3	低く	狭い	比例
4	低く	狭い	反比例
5	低く	広い	比例

　繰返し周波数と最大探知距離は直接は関係ないのだけど，パルス幅を広くすると繰返し周期も長くしなければならないんだよ．だから繰返し周波数を低くするんだね．パルス幅を τ〔μs〕の単位のままで，最小探知距離は $R = 150\,\tau$〔m〕で求めることができるよ．R は τ に比例するね．

解答 問174→1　問175→2

ミニ解説
問175　（正）ほぼ $\theta_1 + \theta_2$ となる．

問 177　　　　　　　　　　　　正解 □　完璧 □　直前 CHECK □

　次の記述は，パルスレーダーの方位分解能を向上させる一般的な方法について述べたものである．このうち正しいものを下の番号から選べ．

1　パルス繰返し周波数を低くする．
2　アンテナの水平面内のビーム幅を狭くする．
3　送信パルス幅を広くする．
4　表示画面上の輝点を大きくする．
5　アンテナの海抜高または地上高を低くする．

反射物標の方位は，アンテナビームの回転方向から分かるんだよ．アンテナの水平方向のビーム幅が広いと，どの方向からの電波か分からないよね．

問 178　　　　　　　　　　　　正解 □　完璧 □　直前 CHECK □

　次の記述は，パルスレーダーの性能について述べたものである．このうち誤っているものを下の番号から選べ．

1　距離分解能は，同一方位にある二つの物標を識別できる能力を表し，パルス幅が広いほど良くなる．
2　最小探知距離は，主としてパルス幅に比例し，パルス幅を τ〔μs〕とすれば，約 150 τ〔m〕である．
3　方位分解能は，アンテナの水平面内のビーム幅でほぼ決まり，ビーム幅が狭いほど良くなる．
4　最大探知距離は，送信電力を大きくし，受信機の感度を良くすると大きくなる．
5　最大探知距離は，アンテナ利得を大きくし，アンテナの高さを高くすると大きくなる．

解答

問 179　正解 □　完璧 □　🖊直前CHECK □

次の記述は，パルスレーダーの性能について述べたものである．このうち誤っているもの
を下の番号から選べ．

1　最小探知距離は，主としてパルス幅に比例し，パルス幅をτ〔μs〕とすれば，約300τ〔m〕
である．
2　距離分解能は，同一方位にある二つの物標を識別できる能力を表し，パルス幅が狭い
ほど良くなる．
3　方位分解能は，アンテナの水平面内のビーム幅でほぼ決まり，ビーム幅が狭いほど良
くなる．
4　最大探知距離は，送信電力を大きくし，受信機の感度を良くすると大きくなる．
5　最大探知距離は，アンテナ利得を大きくし，アンテナの高さを高くすると大きくなる．

問 180　正解 □　完璧 □　🖊直前CHECK □

次の記述は，パルスレーダーの受信機に用いられる回路について述べたものである．該
当する回路の名称を下の番号から選べ．

この回路は，パルスレーダーの受信機において，雨や雪などからの反射波により，物標
からの反射信号の判別が困難になるのを防ぐため，検波後の出力を微分して物標を際立た
せるために用いるものである．

1　FTC回路
2　STC回路
3　AFC回路
4　IAGC回路

解答　問176→3　問177→2　問178→1

ミニ解説　　**問 178**　（正）パルス幅が**狭い**ほど良くなる．

 181   正解 ☐ 完璧 ☐ ✎ 直前 CHECK ☐

次の記述は，パルスレーダーの受信機に用いられるSTC回路について述べたものである．
☐☐内に入れるべき字句の正しい組合せを下の番号から選べ．

近距離からの強い反射波があると，受信機が飽和して，PPI表示の表示部の ☐A☐ 付近
の物標が見えなくなることがある．このため，近距離からの強い反射波に対しては感度を
☐B☐ STC回路が用いられ，近距離にある物標を探知しやすくしている．

	A	B
1	中心	下げる（悪くする）
2	中心	上げる（良くする）
3	外周	上げる（良くする）
4	外周	下げる（悪くする）

問 182   正解 ☐ 完璧 ☐ ✎ 直前 CHECK ☐

次の記述は，パルスレーダーの受信機に用いられる回路について述べたものである．
☐☐内に入れるべき字句の正しい組合せを下の番号から選べ．

(1) 近距離からの強い反射波があると，PPI表示の表示部の中心付近が明るくなり過ぎて，
近くの物標が見えなくなる．このとき，**STC**回路により近距離からの強い反射波に対し
ては感度を ☐A☐，遠距離になるにつれて感度を ☐B☐ て，近距離にある物標を探知し
やすくすることができる．
(2) 雨や雪などからの反射波によって，物標の識別が困難になることがある．このとき，
FTC回路により検波後の出力を ☐C☐ して，物標を際立たせることができる．

	A	B	C
1	上げ（良くし）	下げ（悪くし）	反転
2	上げ（良くし）	下げ（悪くし）	積分
3	上げ（良くし）	下げ（悪くし）	微分
4	下げ（悪くし）	上げ（良くし）	積分
5	下げ（悪くし）	上げ（良くし）	微分

注：**太字**は，ほかの試験問題で穴あきになった用語を示す．

　次の記述は，ドップラー効果を利用したレーダーについて述べたものである．□内に入れるべき字句の正しい組合せを下の番号から選べ．なお，同じ記号の□内には，同じ字句が入るものとする．

(1) アンテナから発射された電波が移動している物体で反射されるとき，反射された電波の□ A □が偏移する現象をドップラー効果という．移動している物体が，電波の発射源に近づいているときは，移動している物体から反射された電波の□ A □は，発射された電波の□ A □より□ B □なる．

(2) この効果を利用したレーダーは，**移動物体の速度測定**や，□ C □に利用される．

	A	B	C
1	振幅	低く	竜巻や乱気流の発見や観測
2	振幅	高く	海底の地形の測量
3	周波数	低く	竜巻や乱気流の発見や観測
4	周波数	低く	海底の地形の測量
5	周波数	高く	竜巻や乱気流の発見や観測

救急車が通過するときと同じで，近づいているとピーポー音の周波数が高くなって，遠ざかるときに低くなるよ．

　固有周波数 1,900〔MHz〕の半波長ダイポールアンテナの実効長の値として，最も近いものを下の番号から選べ．ただし，$\pi = 3.14$ とする．

1　1.0〔cm〕　　2　1.7〔cm〕　　3　2.5〔cm〕　　4　3.8〔cm〕　　5　5.0〔cm〕

実効長は $l_e = \dfrac{\lambda}{\pi}$ だよ．半波長の $\lambda/2$ より少し短い λ/π だよ．

注：**太字**は，ほかの試験問題で穴あきになった用語を示す．

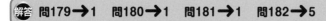
解答　問179→1　問180→1　問181→1　問182→5

ミニ解説　**問179**　（正）約 $150\,\tau$〔m〕である．

 **問 185**　📖 **解説あり！**　　正解 ☐　完璧 ☐　✏ 直前 CHECK ☐

図に示す，周波数 170〔MHz〕用のブラウンアンテナの放射素子の長さ l の値として，最も近いものを下の番号から選べ．

1　0.20〔m〕
2　0.26〔m〕
3　0.32〔m〕
4　0.38〔m〕
5　0.44〔m〕

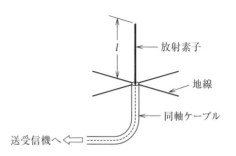

問 186　📖 **解説あり！**　　正解 ☐　完璧 ☐　✏ 直前 CHECK ☐

図に示す，周波数 130〔MHz〕用のスリーブアンテナの放射素子の長さ l の値として，最も近いものを下の番号から選べ．

1　0.39〔m〕
2　0.49〔m〕
3　0.58〔m〕
4　0.65〔m〕
5　0.81〔m〕

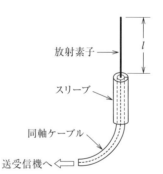

周波数 f〔MHz〕の電波の波長 λ〔m〕は，次の式で求めるのが簡単だよ．

$$\lambda = \frac{300}{f \text{〔MHz〕}} \text{〔m〕}$$

放射素子の長さは $\lambda/4$ だよ．ブラウンアンテナも同じ $\lambda/4$ だね．半波長ダイポールアンテナも先端から給電点までの長さは $\lambda/4$ だね．

📖 解説➡問184

周波数 $f = 1,900$〔MHz〕$= 1.9 \times 10^9$〔Hz〕の電波の波長 λ〔m〕は，次式で表される．

$$\lambda = \frac{3 \times 10^8}{f} = \frac{3 \times 10^8}{1.9 \times 10^9} = \frac{30}{1.9} \times 10^{-2} \text{〔m〕} \fallingdotseq 15.8 \text{〔cm〕}$$

半波長ダイポールアンテナの実効長 l_e〔cm〕は，

$$l_e = \frac{\lambda}{\pi} = \frac{15.8}{\pi} = \frac{15.8}{3.14} \fallingdotseq 5.0 \text{〔cm〕}$$

$\lambda = \dfrac{300}{f \text{〔MHz〕}}$〔m〕の式で計算してもいいよ．

📖 解説➡問185

周波数 f〔MHz〕の電波の波長 λ〔m〕は，次式で表される．

$$\lambda = \frac{300}{f} = \frac{300}{170} \fallingdotseq 1.76 \text{〔m〕}$$

ブラウンアンテナの放射素子の長さ l〔m〕は，1/4 波長だから次式で表される．

$$l = \frac{\lambda}{4} = \frac{1.76}{4} = 0.44 \text{〔m〕}$$

λ はギリシャ文字で「ラムダ」と読むよ．
電波の波長に使う記号だよ．

📖 解説➡問186

周波数 f〔MHz〕の電波の波長 λ〔m〕は，次式で表される．

$$\lambda = \frac{300}{f} = \frac{300}{130} \fallingdotseq 2.3 \text{〔m〕}$$

スリーブアンテナの放射素子の長さ l〔m〕は，1/4 波長だから次式で表される．

$$l = \frac{\lambda}{4} = \frac{2.3}{4} \fallingdotseq 0.58 \text{〔m〕}$$

解答 問183➡5 問184➡5 問185➡5 問186➡3

問 187　　　　　　　　　正解 □　完璧 □　🖊直前CHECK □

次の記述は，図に示す単一指向性アンテナの電界パターン例について述べたものである．□内に入れるべき字句の正しい組合せを下の番号から選べ．

(1) 半値角は，主ローブの電界強度がその最大値の□ A □になる二つの方向で挟まれた角度 θ で表される．

(2) θ は□ B □とも呼ばれる．

(3) 前後比は，□ C □で表される．

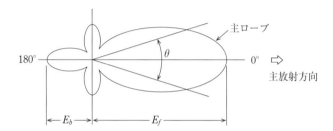

	A	B	C
1	$\dfrac{1}{\sqrt{2}}$	ビーム幅	$\dfrac{E_f}{E_b}$
2	$\dfrac{1}{\sqrt{2}}$	放射効率	$\dfrac{E_b}{E_f}$
3	$\dfrac{1}{\sqrt{2}}$	ビーム幅	$\dfrac{E_b}{E_f}$
4	$\dfrac{1}{2}$	放射効率	$\dfrac{E_b}{E_f}$
5	$\dfrac{1}{2}$	ビーム幅	$\dfrac{E_f}{E_b}$

問 188

正解 □ 完璧 □ ✎ 直前CHECK □

次の記述は，図に示す単一指向性アンテナの電界パターン例について述べたものである．このうち誤っているものを下の番号から選べ．

1 ビーム幅は，電界強度が最大値の $1/\sqrt{2}$ になる二つの方向で挟まれた角度で表される．
2 ①のことをバックローブともいう．
3 前後比は，E_f/E_b で表される．
4 このアンテナの半値角は，図の θ である．

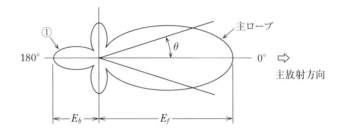

問 189

正解 □ 完璧 □ ✎ 直前CHECK □

次の記述は，垂直偏波で用いる一般的なコリニアアレーアンテナについて述べたものである．□内に入れるべき字句の正しい組合せを下の番号から選べ．

(1) 原理的に，放射素子として □ A □ アンテナを垂直方向の一直線上に等間隔に多段接続した構造のアンテナであり，隣り合う各放射素子を互いに同振幅，**同位相**の電流で励振する．
(2) 水平面内の指向性は，□ B □ である．
(3) コリニアアレーアンテナは，ブラウンアンテナに比べ，利得が □ C □．

	A	B	C
1	1/4波長垂直接地	8字形特性	大きい
2	1/4波長垂直接地	全方向性	小さい
3	垂直半波長ダイポール	全方向性	大きい
4	垂直半波長ダイポール	8字形特性	小さい

注：**太字**は，ほかの試験問題で穴あきになった用語を示す．

解答 問187→1

問 190　　　　　　　　　　　　正解 □　完璧 □　直前 CHECK □

次の記述は，垂直偏波で用いる一般的なコリニアアレーアンテナについて述べたものである．このうち誤っているものを下の番号から選べ．

1　水平面内の指向性は，8字形特性である．
2　原理的に，放射素子として垂直半波長ダイポールアンテナを垂直方向の一直線上に等間隔に多段接続した構造のアンテナであり，隣り合う各放射素子を互いに同振幅，同位相の電流で励振する．
3　コリニアアレーアンテナは，ブラウンアンテナに比べ，利得が大きい．
4　コリニアアレーアンテナは，極超短波 (UHF) 帯を利用する基地局などで用いられている．

問 191　　　　　　　　　　　　正解 □　完璧 □　直前 CHECK □

次の記述は，アダプティブアレイアンテナ (Adaptive Array Antenna) の特徴について述べたものである．　□　内に入れるべき字句の正しい組合せを下の番号から選べ．

(1) 一般にアダプティブアレイアンテナは，複数のアンテナ素子から成り，各アンテナの受信信号の　A　に適切な重みを付けて合成することにより電気的に指向性を制御することができ，電波環境の変化に応じて指向性を適応的に変えることができる．
(2) さらに，干渉波の到来方向に　B　を向け干渉波を**弱めて**，通信の品質を改善することもできる．

	A	B
1	振幅と位相	主ビーム
2	振幅と位相	ヌル点 (null：指向性パターンの落ち込み点)
3	ドップラー周波数	ヌル点 (null：指向性パターンの落ち込み点)
4	ドップラー周波数	主ビーム

注：**太字**は，ほかの試験問題で穴あきになった用語を示す．

問題

半波長ダイポールアンテナに対する相対利得が 11.5〔dB〕のアンテナを絶対利得で表したときの値として，最も近いものを下の番号から選べ．ただし，アンテナの損失はないものとする．

1　 7.20〔dB〕
2　 9.35〔dB〕
3　10.25〔dB〕
4　12.30〔dB〕
5　13.65〔dB〕

絶対利得は相対利得より 2.15〔dB〕大きいよ．答えは 11.5〔dB〕より大きい選択肢の 4 か 5 だね．計算してね．

絶対利得が 14〔dB〕のアンテナを半波長ダイポールアンテナに対する相対利得で表したときの値として，最も近いものを下の番号から選べ．ただし，アンテナの損失はないものとする．

1　 7.55〔dB〕
2　 9.70〔dB〕
3　10.30〔dB〕
4　11.85〔dB〕
5　16.15〔dB〕

相対利得は絶対利得より 2.15〔dB〕小さいよ．

解答　問188→4　問189→3　問190→1　問191→2

ミニ解説　問188　（正）半値角は，図の 2θ である．
問190　（正）水平面内の指向性は，**全方向性**である．

解答

問題

問 194 📖 解説あり！ 正解 ☐ 完璧 ☐ 🖊 直前CHECK ☐

無線局の送信アンテナの絶対利得が37〔dBi〕，送信アンテナに供給される電力が40〔W〕のとき，等価等方輻射電力（EIRP）の値として，最も近いものを下の番号から選べ．ただし，等価等方輻射電力 P_E〔W〕は，送信アンテナに供給される電力を P_T〔W〕，送信アンテナの絶対利得を G_T（真数）とすると，次式で表されるものとする．

また，1〔W〕を 0〔dBW〕とし，$\log_{10}2=0.3$ とする．

$$P_E = P_T \times G_T \text{〔W〕}$$

1　41〔dBW〕
2　53〔dBW〕
3　69〔dBW〕
4　77〔dBW〕
5　83〔dBW〕

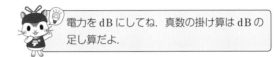

電力を dB にしてね．真数の掛け算は dB の足し算だよ．

問 195 正解 ☐ 完璧 ☐ 🖊 直前CHECK ☐

次の記述は，図に示す八木・宇田アンテナ（八木アンテナ）について述べたものである．
☐☐内に入れるべき字句の正しい組合せを下の番号から選べ．

(1) 放射器の長さ a は，ほぼ ☐ A ☐ 波長である．
(2) 反射器は，放射器より少し長く， ☐ B ☐ のインピーダンスとして働く．
(3) アンテナの周波数特性をより広帯域にするには，素子の直径を ☐ C ☐ したり，放射器を折り返したりする方法などがある．

	A	B	C
1	1/2	誘導性	太く
2	1/2	容量性	太く
3	1/4	誘導性	太く
4	1/4	容量性	細く
5	1/4	誘導性	細く

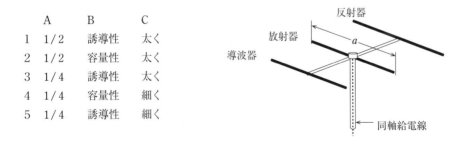

123

解説 → 問192

アンテナの相対利得を G_D〔dB〕とすると，絶対利得 G_I〔dB〕は，次式で表される．

$$G_I = G_D + 2.15$$
$$= 11.5 + 2.15 = 13.65 〔dB〕$$

解説 → 問193

アンテナの絶対利得を G_I〔dB〕とすると，相対利得 G_D〔dB〕は，次式で表される．

$$G_D = G_I - 2.15$$
$$= 14 - 2.15 = 11.85 〔dB〕$$

解説 → 問194

電力 $P = 40$〔W〕を dB 値にすると，P_{TdB}〔dBW〕は，次式で表される．

$$P_{TdB} = 10 \log_{10} P$$
$$= 10 \log_{10} 40$$
$$= 10 \log_{10}(2^2 \times 10)$$
$$= 2 \times 10 \log_{10} 2 + 10 \log_{10} 10$$
$$= 2 \times 3 + 10 = 16 〔dBW〕$$

等価等方輻射電力 P_E〔W〕の dB 値を P_{EdB}〔dBW〕，絶対利得を G_{TdB}〔dBi〕とすると，問題で与えられた式は，次式のようになる．

$$P_{EdB} = P_{TdB} + G_{TdB}$$
$$= 16 + 37 = 53 〔dBW〕$$

〔dBi〕の i は，等方性 (isotropic) の意味なので単位ではないよ．〔dBW〕は 1〔W〕を基準とした電力を dB で表した値だよ．$10 \log_{10} 1 = 10 \log_{10} 10^0 = 0$ となるから，1〔W〕は 0〔dBW〕だよ．

問 196

　次の記述は，図に示す八木・宇田アンテナ (八木アンテナ) について述べたものである. このうち誤っているものを下の番号から選べ.

1　放射器の長さ a は，ほぼ 1/2 波長である.
2　放射器と反射器の間隔 l を 1/4 波長程度にして用いる.
3　最大放射方向は，放射器から見て導波器の方向に得られる.
4　導波器の数を増やすことによって，より利得を高くすることができる.
5　反射器は，放射器より少し長く，容量性のインピーダンスとして働く.

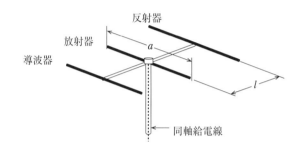

問 197

　次の記述は，パラボラアンテナについて述べたものである. ☐ 内に入れるべき字句の正しい組合せを下の番号から選べ.

(1) 1 次放射器から放射された電波は， **A** 反射鏡で反射され**平面波**の電波となる.
(2) 1 次放射器は，通常， **B** などが用いられる. また，反射鏡は，風の抵抗を下げるため金網や **C** などで作られることがある.

	A	B	C
1	回転双曲面	ホーンレフレクタアンテナ	誘電体
2	回転双曲面	電磁ホーン	金属格子
3	回転放物面	ホーンレフレクタアンテナ	金属格子
4	回転放物面	ホーンレフレクタアンテナ	誘電体
5	回転放物面	電磁ホーン	金属格子

注：**太字**は，ほかの試験問題で穴あきになった用語を示す.

(問) 198 📖 解説あり！　　　　　　正解 ☐　完璧 ☐　✏️直前 CHECK ☐

　半波長ダイポールアンテナに対する相対利得が 12〔dB〕の八木・宇田アンテナ（八木ア
ンテナ）から送信した最大放射方向にある受信点の電界強度は，同じ送信点から半波長ダイ
ポールアンテナに 8〔W〕の電力を供給し送信したときの，最大放射方向にある同じ受信点
の電界強度と同じであった．このときの八木・宇田アンテナ（八木アンテナ）の供給電力の
値として，最も近いものを下の番号から選べ．ただし，アンテナの損失はないものとする．
また，$\log_{10}2=0.3$ とする．

1　0.1　〔W〕
2　0.125〔W〕
3　0.25　〔W〕
4　0.5　〔W〕
5　1.0　〔W〕

(問) 199 📖 解説あり！　　　　　　正解 ☐　完璧 ☐　✏️直前 CHECK ☐

　半波長ダイポールアンテナに 4〔W〕の電力を供給し送信したとき，最大放射方向にある
受信点の電界強度が 2〔mV/m〕であった．同じ送信点から，八木・宇田アンテナ（八木ア
ンテナ）に 1〔W〕の電力を供給し送信したとき，最大放射方向にある同じ距離の同じ受信
点での電界強度が 4〔mV/m〕となった．八木・宇田アンテナ（八木アンテナ）の半波長ダイ
ポールアンテナに対する相対利得の値として，最も近いものを下の番号から選べ．ただし，
アンテナの損失はないものとする．また，$\log_{10}2=0.3$ とする．

1　　6〔dB〕
2　　9〔dB〕
3　12〔dB〕
4　15〔dB〕
5　18〔dB〕

解答 問196→5　問197→5

問196　（正）誘導性のインピーダンスとして働く.

問題

問 200　📖 **解説あり!**　　　正解 ☐　完璧 ☐　✏️ 直前CHECK ☐

12〔GHz〕の周波数の電波で使用する回転放物面の開口面積が0.8〔m²〕で絶対利得が40〔dB〕のパラボラアンテナの開口効率の値として，最も近いものを下の番号から選べ．

1　42〔%〕
2　47〔%〕
3　52〔%〕
4　57〔%〕
5　62〔%〕

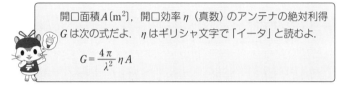

開口面積 A〔m²〕，開口効率 η（真数）のアンテナの絶対利得 G は次の式だよ． η はギリシャ文字で「イータ」と読むよ．

$$G = \frac{4\pi}{\lambda^2}\eta A$$

問 201　　　正解 ☐　完璧 ☐　✏️ 直前CHECK ☐

次の記述は，回転放物面を反射鏡として用いる円形パラボラアンテナについて述べたものである．このうち誤っているものを下の番号から選べ．

1　1次放射器は，回転放物面の反射鏡の焦点に置く．
2　主ビームの電力半値幅の大きさは，開口面の直径に反比例し，波長に比例する．
3　放射される電波は，ほぼ平面波である．
4　1次放射器などが鏡面の前方に置かれるため電波の通路を妨害し，電波が散乱してサイドローブが生じ，指向性を悪化させる．
5　利得は，開口面の面積と波長に比例する．

📖 解説➡問198

相対利得 $G_{dB} = 12$〔dB〕の真数を G とすると，次式が成り立つ．

$$G_{dB} = 12\,\text{〔dB〕} = 3 + 3 + 3 + 3$$
$$= 10\log_{10}(2 \times 2 \times 2 \times 2) = 10\log_{10}16 = 10\log_{10}G \qquad \text{よって，} \ G = 16$$

半波長ダイポールアンテナの供給電力を P_0〔W〕，相対利得を G とすると，八木アンテナの供給電力 P〔W〕は，次式で表される．

$$P = \frac{P_0}{G} = \frac{8}{16} = 0.5\,\text{〔W〕}$$

📖 解説➡問199

半波長ダイポールアンテナの供給電力を P_0〔W〕，八木アンテナの供給電力を P〔W〕とすると，電力の比による相対利得 G_P は，次式で与えられる．

$$G_P = \frac{P_0}{P} = \frac{4}{1} = 4$$

半波長ダイポールアンテナの電界強度を E_0〔mV/m〕，八木アンテナの電界強度を E〔mV/m〕とすると，電界強度の比による相対利得 G_E は，次式で与えられる．

$$G_E = \left(\frac{E}{E_0}\right)^2 = \left(\frac{4}{2}\right)^2 = 2^2 = 4$$

これらの比による利得 G を dB 値で表すと，次式で表される．

$$G_{dB} = 10\log_{10}(G_P G_E) = 10\log_{10}(4 \times 4) = 10\log_{10}(2^2 \times 2^2) = 10\log_{10}2^4$$
$$= 4 \times 10\log_{10}2 = 4 \times 10 \times 0.3 = 12\,\text{〔dB〕}$$

📖 解説➡問200

周波数 f〔Hz〕の電波の波長 λ〔m〕は，次式で表される．

$$\lambda = \frac{3 \times 10^8}{f} = \frac{3 \times 10^8}{12 \times 10^9} = \frac{3}{1.2} \times 10^{8-10} = 2.5 \times 10^{-2}\,\text{〔m〕}$$

開口面積を A〔m^2〕，開口効率の真数を η とすると，絶対利得 G は，次式で表される．

$$G = \frac{4\pi}{\lambda^2}\eta A \qquad\qquad\qquad\qquad \cdots\cdots(1)$$

絶対利得 $G_{dB} = 40$〔dB〕の真数は $G = 10^4$ なので，式 (1) より，開口効率 η を求めると，

$$\eta = \frac{\lambda^2 G}{4\pi A} = \frac{(2.5 \times 10^{-2})^2 \times 10^4}{4\pi \times 0.8} = \frac{6.25 \times 10^{-4+4}}{3.2 \times 3.14} = \frac{6.25}{10.05} \fallingdotseq 0.62 \fallingdotseq 62\,\text{〔%〕}$$

解答　問198➡4　　問199➡3　　問200➡5　　問201➡5

問201　（正）利得は，開口面の**面積**に比例し，波長の**2乗**に反比例する．

問題

　図は，マイクロ波（SHF）帯で用いられるアンテナの原理的な構成例を示したものである．このアンテナの名称として，正しいものを下の番号から選べ．

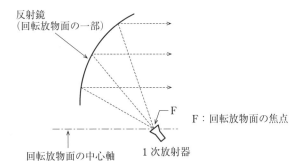

反射鏡
（回転放物面の一部）

F
F：回転放物面の焦点

回転放物面の中心軸　　　1 次放射器

1　カセグレンアンテナ
2　オフセットパラボラアンテナ
3　コーナレフレクタアンテナ
4　ブラウンアンテナ
5　ホーンレフレクタアンテナ

　次の記述は，図に示すコーナレフレクタアンテナの構造および特徴について述べたものである．このうち誤っているものを下の番号から選べ．ただし，波長を λ〔m〕とする．

1　反射板の開き角が変わると，利得および指
　　向性（放射パターン）が変わる．
2　反射板の開き角が 90 度の場合，半波長ダイ
　　ポールアンテナと反射板を鏡面とする 3 個の
　　影像アンテナによる電界成分が合成される．
3　反射板の開き角が 90 度の場合，半波長ダイ
　　ポールアンテナに比べ，利得が大きい．
4　反射板の開き角が 90 度の場合，S＝λ 程度
　　のとき，副放射ビーム（サイドローブ）は最も
　　少なく，指向特性は単一指向性である．

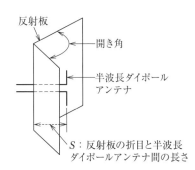

反射板
開き角
半波長ダイポール
アンテナ
S：反射板の折目と半波長
ダイポールアンテナ間の長さ

問 204　　　　　正解 ☐　完璧 ☐　✏ 直前 CHECK ☐

次の記述は，図に示すコーナレフレクタアンテナの構造および特徴について述べたものである．☐☐内に入れるべき字句の正しい組合せを下の番号から選べ．ただし，波長をλ〔m〕とする．

(1) 反射板の開き角が90度，$S = $ ☐ A ☐ 程度のとき，副放射ビーム（サイドローブ）は最も少なく，指向特性は単一指向性である．

(2) また，半波長ダイポールアンテナと反射板を鏡面とする ☐ B ☐ の影像アンテナによる電界成分が合成され，半波長ダイポールアンテナに比べ利得が大きい．

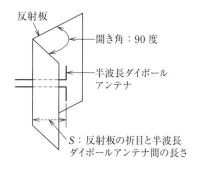

```
   A        B
1  λ        5個
2  λ/2      5個
3  λ        3個
4  λ/2      3個
```

反射板
開き角：90度
半波長ダイポールアンテナ
S：反射板の折目と半波長ダイポールアンテナ間の長さ

問 205　　　　　正解 ☐　完璧 ☐　✏ 直前 CHECK ☐

次の記述は，電磁ホーンアンテナについて述べたものである．このうち誤っているものを下の番号から選べ．

1　反射鏡アンテナの1次放射器としても用いられる．

2　給電導波管の断面を徐々に広げて，所要の開口を持たせたアンテナである．

3　インピーダンス特性は，広帯域にわたって良好である．

4　角錐ホーンは，マイクロ波アンテナの利得を測定するときの標準アンテナとしても用いられる．

5　ホーンの開き角を大きくとるほど，放射される電磁波は平面波に近づく．

解答　問202→2　問203→4

ミニ解説　問203　（正）$S = λ/2$ 程度のとき，

問 206　　　　　　　　　　　　　　正解 □ 完璧 □ 直前 CHECK □

　次の記述は，電磁ホーンアンテナについて述べたものである．このうち正しいものを下の番号から選べ．

1　インピーダンス特性は，ホーン部分が共振するため狭帯域である．
2　ホーンの開き角を大きくとるほど，放射される電磁波は平面波に近づく．
3　角錐ホーンは，短波（HF）帯アンテナの利得を測定するときの標準アンテナとしても用いられる．
4　開口面積が一定のとき，ホーンの長さを短くすると利得は大きくなる．
5　給電導波管の断面を徐々に広げて，所要の開口を持たせたアンテナである．

問 207　　　　　　　　　　　　　　正解 □ 完璧 □ 直前 CHECK □

　次に示すアンテナのうち，無線設備から発射されるマイクロ波（SHF）帯以上の妨害波の電界強度を測定する際に用いられる代表的なアンテナとして，該当するものを下の番号から選べ．

1　逆L型アンテナ
2　ホーンアンテナ
3　$\frac{1}{4}$ 波長ホイップアンテナ
4　スロットアレーアンテナ
5　ブラウンアンテナ

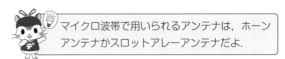

マイクロ波帯で用いられるアンテナは，ホーンアンテナかスロットアレーアンテナだよ．

問 208

正解 [　] 完璧 [　] ✏ 直前 CHECK [　]

　図は，マイクロ波（SHF）帯で用いられるアンテナの原理的な構成例を示したものである．このアンテナの名称として，正しいものを下の番号から選べ．

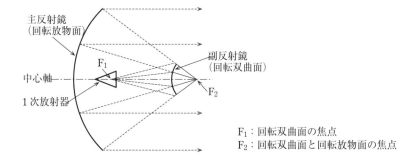

F₁：回転双曲面の焦点
F₂：回転双曲面と回転放物面の焦点

1　グレゴリアンアンテナ
2　コーナレフレクタアンテナ
3　カセグレンアンテナ
4　ホーンレフレクタアンテナ
5　スリーブアンテナ

> 副反射鏡の反射面が凸面の回転双曲面はカセグレンアンテナ，凹面の回転だ円面はグレゴリアンアンテナだよ．

解答　問204➡4　問205➡5　問206➡5　問207➡2

ミニ解説

問205　（正）ホーンの開き角が**ある角度のときに**，放射される電磁波は平面波に近づく．

問206　1（正）インピーダンス特性は，**広帯域**である．　2（正）ホーンの開き角が**ある角度のときに**，放射される電磁波は平面波に近づく．　3（正）**マイクロ波（SHF）帯**　4（正）ホーンの長さを**長く**すると利得は大きくなる．

問 209　　　　　　　　　　　　　　　　　　正解 □　完璧 □　直前CHECK □

　次の記述は，衛星通信等に用いられるアンテナについて述べたものである．この記述に該当するアンテナの名称を下の番号から選べ．

　このアンテナは，回転放物面を持つ主反射器の中心軸上にある放射器から放射された電波が，その軸上にある回転双曲面を持つ副反射器で反射され，その反射波が主反射器で反射され，放射特性として前方に鋭い指向性を持つアンテナである．

1　オフセットパラボラアンテナ
2　グレゴリアンアンテナ
3　ホーンリフレクタアンテナ
4　パスレングスアンテナ
5　カセグレンアンテナ

問 210　　　　　　　　　　　　　　　　　　正解 □　完璧 □　直前CHECK □

　次の記述は，衛星通信に用いられる反射鏡アンテナについて述べたものである．　□　内に入れるべき字句の正しい組合せを下の番号から選べ．

(1) 回転放物面を反射鏡に用いた円形パラボラアンテナは，1次放射器を　A　に置く．
(2) 回転放物面を反射鏡に用いた円形パラボラアンテナは，開口面積が　B　ほど前方に尖鋭な指向性が得られる．
(3) 主反射鏡に回転放物面を，副反射鏡に回転双曲面を用いるものに　C　がある．

	A	B	C
1	開口面の中心	小さい	カセグレンアンテナ
2	開口面の中心	大きい	ホーンアンテナ
3	回転放物面の焦点	小さい	カセグレンアンテナ
4	回転放物面の焦点	小さい	ホーンアンテナ
5	回転放物面の焦点	大きい	カセグレンアンテナ

問 211　　　　　　　　　　　　　　正解 ☐　完璧 ☐　✎ 直前CHECK ☐

　次の記述は，衛星通信に用いられる反射鏡アンテナについて述べたものである．☐☐☐内に入れるべき字句の正しい組合せを下の番号から選べ．

(1) 衛星からの微弱な電波を受信するため，大きな開口面を持つ反射鏡アンテナが利用されるが，反射鏡が放物面のものをパラボラアンテナといい，このうち副反射鏡を用いるものに ☐ A ☐ アンテナがある．

(2) 回転放物面を反射鏡に用いたパラボラアンテナは，高利得の ☐ B ☐ ビームのアンテナであり，回転放物面の焦点に置かれた1次放射器から放射された球面波は反射鏡により波面が一様な平面波となる．反射鏡の開口面積が ☐ C ☐ ほど前方に尖鋭な指向性が得られる．

	A	B	C
1	カセグレン	ペンシル	大きい
2	カセグレン	ファン	小さい
3	フェーズドアレイ	ペンシル	小さい
4	フェーズドアレイ	ファン	大きい

> ペンシルは鉛筆のように鋭く，ファンは扇形に広がっているビームだよ．

問 212　　　　　　　　　　　　　　正解 ☐　完璧 ☐　✎ 直前CHECK ☐

　次の記述は，衛星通信に用いられる反射鏡アンテナについて述べたものである．このうち誤っているものを下の番号から選べ．

1　回転放物面を反射鏡に用いたパラボラアンテナは，高利得のファンビームのアンテナであり，回転放物面の焦点に置かれた1次放射器から放射された電波は，反射鏡により球面波となって放射される．

2　衛星からの微弱な電波を受信するため，大きな開口面を持つ反射鏡アンテナが利用される．

3　主反射鏡に回転放物面を，副反射鏡に回転双曲面を用いるものにカセグレンアンテナがある．

4　反射鏡の開口面積が大きいほど前方に尖鋭な指向性が得られる．

解答　問208→3　問209→5　問210→5

問 213　　　　　　　　　正解 ☐　完璧 ☐　📝 直前 CHECK ☐

次の記述は，図に示すレーダーに用いられるスロットアレーアンテナについて述べたものである．＿＿＿内に入れるべき字句の正しい組合せを下の番号から選べ．ただし，方形導波管の xy 面は大地と平行に置かれており，管内を伝搬する TE_{10} モードの電磁波の管内波長を λ_g とする．

(1) 方形導波管の側面に，＿A＿の間隔 (D) ごとにスロットを切り，隣り合うスロットの傾斜を逆方向にする．通常，スロットの数は数十から百数十程度である．

(2) スロットの一対から放射される電波の電界の水平成分は同位相となり，垂直成分は逆位相となるので，スロットアレーアンテナ全体としては**水平**偏波を放射する．水平面内の主ビーム幅は，スロットの数が多いほど＿B＿．

	A	B
1	$\lambda_g / 4$	広い
2	$\lambda_g / 4$	狭い
3	$\lambda_g / 2$	狭い
4	$\lambda_g / 2$	広い

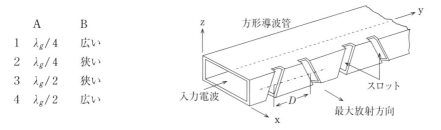

問 214　　　　　　　　　正解 ☐　完璧 ☐　📝 直前 CHECK ☐

次の記述は，VHF および UHF 帯で用いられる各種のアンテナについて述べたものである．このうち誤っているものを下の番号から選べ．

1　八木・宇田アンテナ（八木アンテナ）は，一般に導波器の数を多くするほど利得は増加し，指向性は鋭くなる．
2　折返し半波長ダイポールアンテナの入力インピーダンスは，半波長ダイポールアンテナの入力インピーダンスの約 2 倍である．
3　ブラウンアンテナは，水平面内指向性が全方向性である．
4　コーナレフレクタアンテナは，サイドローブが比較的少なく，前後比の値を大きくできる．
5　コリニアアレーアンテナは，スリーブアンテナに比べ，利得が大きい．

注：**太字**は，ほかの試験問題で穴あきになった用語を示す．

問 215　正解 □　完璧 □　✐ 直前 CHECK □

次の記述は，伝送線路の反射について述べたものである．このうち誤っているものを下の番号から選べ．

1　電圧反射係数は，伝送線路の特性インピーダンスと負荷側のインピーダンスから求めることができる．

2　負荷インピーダンスが伝送線路の特性インピーダンスに等しく，整合しているときは，伝送線路上には進行波のみが存在し反射波は生じない．

3　整合しているとき，電圧反射係数の値は，1 となる．

4　反射が大きいと電圧定在波比 (VSWR) の値は大きくなる．

5　電圧反射係数は，反射波の電圧 (V_r) を進行波の電圧 (V_f) で割った値 (V_r/V_f) で表される．

問 216　正解 □　完璧 □　✐ 直前 CHECK □

次の記述は，伝送線路の反射について述べたものである．このうち正しいものを下の番号から選べ．

1　電圧反射係数は，進行波の電圧 (V_f) を反射波の電圧 (V_r) で割った値 (V_f/V_r) で表される．

2　負荷インピーダンスが伝送線路の特性インピーダンスに等しく，整合しているときは，伝送線路上には定在波が存在する．

3　反射が大きいと電圧定在波比 (VSWR) の値は小さくなる．

4　電圧反射係数は，伝送線路の特性インピーダンスと負荷側のインピーダンスから求めることができる．

5　整合しているとき，電圧反射係数の値は，1 となる．

解答　問211→1　問212→1　問213→3　問214→2

ミニ解説

問 212　(正) 高利得の**ペンシルビーム**のアンテナ… (正) 反射鏡により**平面波と**なって

問 214　(正) 折返し半波長ダイポールアンテナの入力インピーダンスは，半波長ダイポールアンテナの入力インピーダンスの約 4 倍である．

問 217　　　　　　　　　　　　　　　正解 [　] 完璧 [　] 直前CHECK [　]

次の記述は，送信アンテナと給電線との接続について述べたものである．このうち誤っているものを下の番号から選べ．

1　アンテナと給電線のインピーダンスが整合しているときの電圧定在波比（VSWR）の値は 0 である．
2　アンテナと給電線のインピーダンスが整合していないと，給電線に定在波が生じる．
3　アンテナと給電線のインピーダンスが整合していないと，反射損が生じる．
4　アンテナと給電線のインピーダンスの整合をとるには，整合回路などによりアンテナの給電点インピーダンスと給電線の特性インピーダンスを合わせる．

問 218　　　　　　　　　　　　　　　正解 [　] 完璧 [　] 直前CHECK [　]

次の記述は，送信アンテナと給電線との接続について述べたものである．[　]内に入れるべき字句の正しい組合せを下の番号から選べ．

(1) アンテナと給電線のインピーダンスが整合しているとき，給電線からアンテナへの伝送効率が [　A　] になる．
(2) アンテナと給電線のインピーダンスが整合しているとき，給電線に定在波が [　B　].
(3) アンテナと給電線のインピーダンスが整合しているとき，電圧定在波比（VSWR）の値は [　C　] である．

	A	B	C
1	最大	生じる	0
2	最大	生じない	1
3	最小	生じる	0
4	最小	生じない	1

　次の記述は，図に示す同軸ケーブルについて述べたものである．このうち誤っているものを下の番号から選べ．

1　使用周波数が高くなるほど誘電損が大きくなる．

2　不平衡形の給電線として用いられる．

3　外部導体の内径寸法 D と内部導体の外径寸法 d の比 D/d の値が小さくなるほど，特性インピーダンスは大きくなる．

4　送信機およびアンテナに接続して使用する場合は，それぞれのインピーダンスと同軸ケーブルの特性インピーダンスを整合させる必要がある．

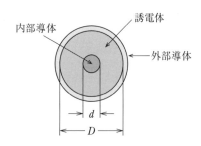

　誘電体の比誘電率が ε_S の同軸ケーブルの特性インピーダンス Z_0 は，次の式で表されるよ．D/d が小さくなれば Z_0 も小さくなるね．

$$Z_0 = \frac{138}{\sqrt{\varepsilon_S}} \log_{10} \frac{D}{d} [\Omega]$$

解答　問215→3　問216→4　問217→1　問218→2

問 215　（正）電圧反射係数の値は，0 となる．

問 216　1（正）**反射波の電圧**（V_r）**を進行波の電圧**（V_f）**で割った値**（V_r/V_f）で表される．　2（正）伝送線路上には**進行波のみが存在し反射波は生じない**ので定在波は**存在しない**．

ミニ解説　　3（正）**電圧定在波比**（VSWR）の値は**大きく**なる．　5（正）電圧反射係数の値は，**0** となる．

問 217　（正）電圧定在波比（VSWR）の値は 1 である．

問題

(問) **220**　　　　　　　　正解 [　] 完璧 [　] 直前CHECK [　]

　次の記述は，同軸ケーブルについて述べたものである．このうち正しいものを下の番号から選べ．

1　同軸ケーブルは，一本の内部導体のまわりに同心円状に外部導体を配置し，両導体間に導電性樹脂を詰めた給電線である．
2　使用周波数が高くなるほど誘電損が大きくなる．
3　伝送する電波が外部へ漏れやすく，外部からの誘導妨害を受けやすい．
4　不平衡形の同軸ケーブルと半波長ダイポールアンテナを接続するときは，平衡給電を行うためスタブを用いる．

(問) **221**　　　　　　　　正解 [　] 完璧 [　] 直前CHECK [　]

　次の記述は，同軸ケーブルについて述べたものである．[　　]内に入れるべき字句の正しい組合せを下の番号から選べ．

(1) 同軸ケーブルは，一本の内部導体のまわりに同心円状に外部導体を配置し，両導体間に**誘電体**を詰めた不平衡形の給電線であり，伝送する電波が外部へ漏れ [A]，外部からの誘導妨害を受け [B]．
(2) 不平衡の同軸ケーブルと半波長ダイポールアンテナを接続するときは，平衡給電を行うため [C] を用いる．

	A	B	C
1	にくく	にくい	バラン
2	やすく	やすい	スタブ
3	にくく	にくい	スタブ
4	やすく	やすい	バラン

 平衡はバランス，不平衡はアンバランス，それらを合わせるのがバランだよ．

注：**太字**は，ほかの試験問題で穴あきになった用語を示す．

▼解答

問 222　　　　　　　　正解 ☐　完璧 ☐　✏直前CHECK ☐

　次の記述は，VHF帯の電波の伝搬について述べたものである．このうち誤っているもの
を下の番号から選べ．

1　スポラジックE（Es）層と呼ばれる電離層によって，見通し外の遠方まで伝わることが
　ある．
2　地形や建物の影響は，周波数が高いほど大きい．
3　見通し距離内では，受信点の高さを変化させると，直接波と大地反射波との干渉によ
　り，受信電界強度が変動する．
4　標準大気中を伝搬する電波の見通し距離は，幾何学的な見通し距離より短くなる．

問 223　　　　　　　　正解 ☐　完璧 ☐　✏直前CHECK ☐

　次の記述は，電波の屈折について述べたものである．このうち誤っているものを下の番
号から選べ．

1　一般に，屈折率と屈折角との関係を表す式は，スネルの法則といわれる．
2　電波が屈折率の小さな媒質から屈折率の大きな媒質に入射するとき，屈折角が入射角
　より小さくなるように屈折する．
3　短波の電離層反射波は，地上からの電波の電離層内への入射角に対し，電離層内での
　屈折角が大きいため，再び地上に向かう電波である．
4　電波の伝搬速度は，屈折率の小さな媒質中よりも，屈折率の大きな媒質中の方が速い．

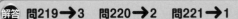
解答　**問219→3**　　**問220→2**　　**問221→1**

ミニ解説

問 219　（正）特性インピーダンスは**小さくなる**．
問 220　1（正）両導体間に**誘電体**を詰めた給電線である．　3（正）伝送する電
　　　　波が外部へ**漏れにくく**，外部からの誘導妨害を**受けにくい**．　4（正）平
　　　　衡給電を行うため**バラン**を用いる．

問 224　📖 解説あり!　　　　　正解 ☐　完璧 ☐　✏ 直前CHECK ☐

　自由空間において，半波長ダイポールアンテナに対する相対利得が 9〔dB〕の指向性アンテナに 12.5〔W〕の電力を供給して電波を放射したとき，最大放射方向で送信点からの距離が 20〔km〕の受信点における電界強度の値として，最も近いものを下の番号から選べ．ただし，電界強度 E は，放射電力を P〔W〕，送受信点間の距離を d〔m〕，アンテナの相対利得を G（真数）とすると，次式で表されるものとする．また，アンテナおよび給電系の損失はないものとし，$\log_{10}2 = 0.3$ とする．

$$E = \frac{7\sqrt{GP}}{d} \ \text{〔V/m〕}$$

1　1.5〔mV/m〕

2　2.5〔mV/m〕

3　3.5〔mV/m〕

4　4.5〔mV/m〕

5　5.5〔mV/m〕

7 の倍数を選ぼう．分母が 7 の倍数のときは 7 の倍数じゃないよ．

問 225　📖 解説あり!　　　　　正解 ☐　完璧 ☐　✏ 直前CHECK ☐

　自由空間において，半波長ダイポールアンテナに対する相対利得が 9〔dB〕の指向性アンテナに 50〔W〕の電力を供給して電波を放射したとき，最大放射方向の受信点における電界強度が 4〔mV/m〕となる送受信点間距離の値として，最も近いものを下の番号から選べ．ただし，電界強度 E は，放射電力を P〔W〕，送受信点間の距離を d〔m〕，アンテナの相対利得を G（真数）とすると，次式で表されるものとする．また，アンテナおよび給電系の損失はないものとし，$\log_{10}2 = 0.3$ とする．

$$E = \frac{7\sqrt{GP}}{d} \ \text{〔V/m〕}$$

1　20〔km〕

2　25〔km〕

3　30〔km〕

4　35〔km〕

5　40〔km〕

電力比の計算は，3〔dB〕は 2 倍，6〔dB〕は 4 倍，9〔dB〕は 8 倍を覚えてね．

📖 解説→問224

相対利得 9〔dB〕の真数 G は，

$$9\,[\mathrm{dB}] = 3 \times 3 = 10\log_{10}2^3 = 10\log_{10}G$$

よって，$G = 2^3 = 8$

電界強度 E〔V/m〕は，次式で表される．

$$E = \frac{7\sqrt{GP}}{d}$$

$$= \frac{7 \times \sqrt{8 \times 12.5}}{20 \times 10^3} = \frac{7 \times \sqrt{100}}{20} \times 10^{-3}$$

$$= 3.5 \times 10^{-3}\,[\mathrm{V/m}] = 3.5\,[\mathrm{mV/m}]$$

📖 解説→問225

相対利得 9〔dB〕の真数 G は，

$$9\,[\mathrm{dB}] = 3 + 3 + 3 = 10\log_{10}2 + 10\log_{10}2 + 10\log_{10}2$$
$$= 10\log_{10}(2 \times 2 \times 2) = 10\log_{10}G$$

よって，$G = 2 \times 2 \times 2 = 8$

送受信点間の距離 d〔m〕は，次式で表される．

$$d = \frac{7\sqrt{GP}}{E}$$

$$= \frac{7 \times \sqrt{8 \times 50}}{4 \times 10^{-3}} = \frac{7 \times \sqrt{20 \times 20}}{4} \times 10^3$$

$$= 35 \times 10^3\,[\mathrm{m}] = 35\,[\mathrm{km}]$$

真数の掛け算は dB の足し算，真数の累乗は dB の掛け算だよ．電力比の 2 倍が 3〔dB〕だから，9〔dB〕を 3〔dB〕+ 3〔dB〕+ 3〔dB〕として 2×2×2 = 8 と計算するか，3×3〔dB〕として 2^3 = 8 と計算してもいいよ．

 解答 問222→4　問223→4　問224→3　問225→4

ミニ解説
問 222　（正）幾何学的な見通し距離より**長く**なる．
問 223　（正）屈折率の大きな媒質中の方が**遅い**．

問題

問 226 📖 解説あり！　　　　　正解 ☐ 完璧 ☐ ✎ 直前CHECK ☐

電波の伝搬において，送受信アンテナ間の距離を 10〔km〕，使用周波数を 6〔GHz〕とした場合の自由空間基本伝送損失の値として，最も近いものを下の番号から選べ．ただし，自由空間基本伝送損失 Γ_0（真数）は，送受信アンテナ間の距離を d〔m〕，使用電波の波長を λ〔m〕とすると，次式で表されるものとする．また，$\log_{10}2 = 0.3$ および $\pi^2 = 10$ とする．

$$\Gamma_0 = \left(\frac{4\pi d}{\lambda}\right)^2$$

1　98〔dB〕　　　2　106〔dB〕　　　3　120〔dB〕　　　4　128〔dB〕　　　5　136〔dB〕

問 227 📖 解説あり！　　　　　正解 ☐ 完璧 ☐ ✎ 直前CHECK ☐

図に示すマイクロ波回線において，A局から送信機出力電力 0.5〔W〕で送信したときの B局の受信機入力電力の値として，最も近いものを下の番号から選べ．ただし，自由空間基本伝送損失を 135〔dB〕，送信および受信アンテナの絶対利得をそれぞれ 40〔dB〕，送信および受信帯域フィルタ（BPF）の損失をそれぞれ 1〔dB〕，送信および受信給電線の長さをそれぞれ 15〔m〕とし，給電線損失を 0.2〔dB/m〕とする．また，1〔mW〕を 0〔dBm〕，$\log_{10}2 = 0.3$ とする．

1　-27〔dBm〕
2　-33〔dBm〕
3　-36〔dBm〕
4　-39〔dBm〕
5　-42〔dBm〕

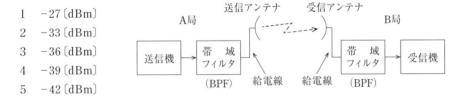

問 228　　　　　正解 ☐ 完璧 ☐ ✎ 直前CHECK ☐

次の記述は，電波の屈折について述べたものである．このうち正しいものを下の番号から選べ．

1　電波が屈折率の小さな媒質から屈折率の大きな媒質に入射するとき，屈折角が入射角より小さくなるように屈折する．
2　一般に，屈折率と屈折角との関係を表す式は，ファラデーの法則といわれる．
3　短波の電離層反射波は，地上からの電波の電離層内への入射角に対し，電離層内での屈折角が小さいため，再び地上に向かう電波である．
4　電波の伝搬速度は，屈折率の小さな媒質中よりも，屈折率の大きな媒質中の方が速い．

無線工学　電波伝搬

143

周波数 f〔Hz〕の電波の波長 λ〔m〕は，次式で表される．

$$\lambda = \frac{3 \times 10^8}{f} = \frac{3 \times 10^8}{6 \times 10^9} = 5 \times 10^{-2}\ \text{〔m〕}$$

自由空間基本伝送損失 Γ_0（真数）を dB 値で表すと，次式で表される．

$$\Gamma_{0dB} = 10 \log_{10} \left(\frac{4\pi d}{\lambda} \right)^2$$

$$= 10 \log_{10} \left(\frac{4 \times \pi \times 10 \times 10^3}{5 \times 10^{-2}} \right)^2 = 10 \log_{10} (8 \times \pi \times 10^{3+2})^2$$

$$= 10 \log_{10} (2^{3 \times 2} \times \pi^2 \times 10^{5 \times 2})$$

$$= 6 \times 10 \log_{10} 2 + 10 \log_{10} 10 + 10 \times 10 \log_{10} 10$$

$$= 6 \times 10 \times 0.3 + 10 + 10 \times 10 = 18 + 110 = 128\ \text{〔dB〕}$$

$10 = 10^1$ だから，
$10 \log_{10} 10^1 = 10 \times 1 = 10$ だよ．

送信機出力電力 $P_T = 0.5$〔W〕$= 5 \times 10^2$〔mW〕を dB 値の P_T〔dBm〕で表すと，

$$P_T = 10 \log_{10} (5 \times 10^2)$$

$$= 10 \log_{10} (10 \div 2 \times 10^2) = 10 \log_{10} (10^3 \div 2) = 10 \log_{10} 10^3 - 10 \log_{10} 2$$

$$= 3 \times 10 - 10 \times 0.3 = 30 - 3 = 27\ \text{〔dBm〕}$$

自由空間基本伝送損失を Γ_0〔dB〕，送信および受信アンテナの絶対利得をそれぞれ G_T, G_R〔dB〕，帯域フィルタの損失を F_T, F_R〔dB〕，給電線の損失および長さを L_T, L_R〔dB〕，l_T, l_R〔m〕とすると，受信機入力電力 P_R〔dBm〕は，次式で表される．

$$P_R = P_T + G_T - L_T \times l_T - F_T - \Gamma_0 + G_R - L_R \times l_R - F_R$$

$$= 27 + 40 - 0.2 \times 15 - 1 - 135 + 40 - 0.2 \times 15 - 1 = -36\ \text{〔dBm〕}$$

問題に $\log_{10} 2 = 0.3$ の値が書いてあるので，$5 = 10 \div 2$ として計算するよ．
真数の割り算は log の引き算，真数の掛け算は log の足し算だよ．

📝 解答　問226➡4　問227➡3　問228➡1

ミニ解説　　問228　　2（正）スネルの法則といわれる．　3（正）電離層内での屈折角が**大き**いため，　4（正）屈折率の大きな媒質中の方が**遅い**．

問 229

正解 ☐ 完璧 ☐ ✎ 直前CHECK ☐

次の記述は，図に示す対流圏電波伝搬における M 曲線について述べたものである．☐内に入れるべき字句の正しい組合せを下の番号から選べ．

(1) 標準大気のときの M 曲線は，☐A☐である．

(2) 接地形ラジオダクトが発生しているときの M 曲線は，☐B☐である．

(3) 接地形ラジオダクトが発生すると，電波は，ダクト☐C☐を伝搬し，見通し距離外まで伝搬することがある．

	A	B	C
1	③	①	内
2	③	④	外
3	③	④	内
4	②	④	外
5	②	①	内

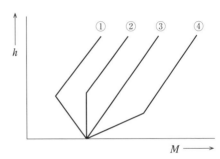

h：地表からの高さ

問 230

正解 ☐ 完璧 ☐ ✎ 直前CHECK ☐

次の記述は，極超短波 (UHF) 帯の対流圏内電波伝搬における等価地球半径等について述べたものである．このうち誤っているものを下の番号から選べ．ただし，大気は標準大気とする．

1　等価地球半径は，真の地球半径を 3/4 倍したものである．

2　大気の屈折率は，地上からの高さとともに減少し，大気中を伝搬する電波は送受信点間を弧を描いて伝搬する．

3　送受信点間の電波の通路を直線で表すため，仮想した地球の半径を等価地球半径という．

4　電波の見通し距離は，幾何学的な見通し距離よりも長い．

 地球の半径が大きくなれば，電波は遠くまで伝搬するよ．

問 231　正解 □　完璧 □　✐ 直前CHECK □

　次の記述は，等価地球半径について述べたものである．このうち正しいものを下の番号から選べ．ただし，大気は標準大気とする．

1　等価地球半径は，真の地球半径を 3/4 倍したものである．
2　電波は電離層の E 層の電子密度の不均一による電離層散乱によって遠方まで伝搬し，実際の地球半径に散乱域までの地上高を加えたものを等価地球半径という．
3　地球の中心から静止衛星までの距離を半径とした球を仮想したとき，この球の半径を等価地球半径という．
4　大気の屈折率は，地上からの高さとともに減少し，大気中を伝搬する電波は送受信点間を弧を描いて伝搬する．この電波の通路を直線で表すため，仮想した地球の半径を等価地球半径という．

問 232　正解 □　完璧 □　✐ 直前CHECK □

　次の記述は，電波の対流圏伝搬について述べたものである．このうち正しいものを下の番号から選べ．

1　標準大気中では，電波の見通し距離は幾何学的な見通し距離と等しい．
2　標準大気中では，等価地球半径は真の地球半径より小さい．
3　ラジオダクトが発生すると電波がダクト内に閉じ込められて減衰し，遠方まで伝搬しない．
4　標準大気の屈折率は，地上からの高さに比例して増加する．
5　標準大気のときの M 曲線は，グラフ上で 1 本の直線で表される．

 M 曲線は電波の伝搬状態を表す曲線で大気の屈折率にも関係するけど，標準大気では高さに比例して増加するよ．屈折率は高さとともに減少するんだよ．

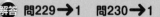**解答** 問229→1　問230→1

ミニ解説　**問 230**　（正）真の地球半径を 4/3 倍したものである．

問 233

正解 ☐　完璧 ☐　🖊 直前 CHECK ☐

　次の記述は，マイクロ波回線の設定の際に考慮される第1フレネルゾーンについて述べたものである．☐内に入れるべき字句の正しい組合せを下の番号から選べ．ただし，使用する周波数の電波の波長をλとする．

(1) 図に示すように，送信点Tと受信点Rを焦点とし，TPとPRの距離の和が，焦点間の最短の距離TRよりも　A　だけ長い楕円を描くと，直線TRを軸とする回転楕円体となり，この楕円の内側の範囲を第1フレネルゾーンという．

(2) 一般的には，**自由空間**に近い良好な伝搬路を保つため，回線途中にある山や建物等の障害物が第1フレネルゾーンに入らないようにする必要がある．この障害物と見通し線との間隔 h_c を　B　という．

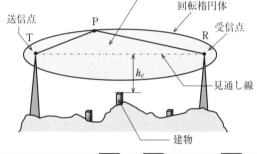

第1フレネルゾーン
回転楕円体
送信点
受信点
見通し線
建物

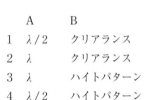

	A	B
1	$\lambda/2$	クリアランス
2	λ	クリアランス
3	λ	ハイトパターン
4	$\lambda/2$	ハイトパターン

問 234

正解 ☐　完璧 ☐　🖊 直前 CHECK ☐

　次の記述は，地上系のマイクロ波 (SHF) 通信の見通し内伝搬におけるフェージングについて述べたものである．☐内に入れるべき字句の正しい組合せを下の番号から選べ．ただし，降雨や降雪による減衰はフェージングに含まないものとする．

(1) フェージングは，　A　の影響を受けて発生する．
(2) フェージングは，一般に伝搬距離が長くなるほど　B　する．
(3) ダクト形フェージングは，雨天や強風の時より，晴天で風の弱いときに発生　C　．

	A	B	C
1	対流圏の気象	減少	しにくい
2	対流圏の気象	増加	しやすい
3	電離層の諸現象	増加	しにくい
4	電離層の諸現象	減少	しやすい

注：**太字**は，ほかの試験問題で穴あきになった用語を示す．

 問 235　　　　　　　　　　正解 [　] 完璧 [　] 直前 CHECK [　]

　大気中において，等価地球半径係数 K を $K=1$ としたときの，球面大地での見通し距離 d を求める式として，正しいものを下の番号から選べ．ただし，h_1 〔m〕 および h_2 〔m〕 は，それぞれ送信および受信アンテナの地上高とする．

1　$d \fallingdotseq 3.57 \, (h_1{}^2 + h_2{}^2)$ 〔km〕

2　$d \fallingdotseq 4.12 \, (h_1{}^2 + h_2{}^2)$ 〔km〕

3　$d \fallingdotseq 3.57 \, (\sqrt{h_1} + \sqrt{h_2})$ 〔km〕

4　$d \fallingdotseq 4.12 \, (\sqrt{h_1} + \sqrt{h_2})$ 〔km〕

問 236　📖 解説あり!　　　　　　正解 [　] 完璧 [　] 直前 CHECK [　]

　大気中における電波の屈折を考慮して，等価地球半径係数 K を $K=4/3$ としたとき，球面大地での電波の見通し距離を求める式として，正しいものを下の番号から選べ．ただし，h_1 〔m〕 および h_2 〔m〕 は，それぞれ送信および受信アンテナの地上高とする．

1　$d \fallingdotseq 4.12 \, (h_1{}^2 + h_2{}^2)$ 〔km〕

2　$d \fallingdotseq 3.57 \, (h_1{}^2 + h_2{}^2)$ 〔km〕

3　$d \fallingdotseq 4.12 \, (\sqrt{h_1} + \sqrt{h_2})$ 〔km〕

4　$d \fallingdotseq 3.57 \, (\sqrt{h_1} + \sqrt{h_2})$ 〔km〕

 h^2 の式は間違いだよ．高さが 100〔m〕 あれば 4 万〔km〕 くらい電波が届いちゃうよ．地球一回りと同じだから通信衛星はいらないね．

 解答　問231 ➜ 4　　問232 ➜ 5　　問233 ➜ 1　　問234 ➜ 2

問 231	1（正）真の地球半径を 4/3 倍したものである．
問 232	1（正）幾何学的な見通し距離**よりも長い**．　2（正）真の地球半径より **大きい**．　3（正）ダクト内に閉じ込められて，遠方まで**伝搬する**．4（正）地上からの高さとともに**減少する**．

ミニ解説

問 237　　　　　　　　　　　　　　正解 ⬜　完璧 ⬜　直前CHECK ⬜

　次の記述は，図に示すマイクロ波通信の送受信点間の見通し線上にナイフエッジがある場合，受信地点において，受信点の高さを変化したときの受信点の電界強度の変化等について述べたものである．このうち誤っているものを下の番号から選べ．ただし，大地反射波の影響は無視するものとする．

1　見通し線より上方の領域では，受信点を高くするにつれて受信点の電界強度は，自由空間の伝搬による電界強度より強くなったり，弱くなったり，強弱を繰り返して自由空間の伝搬による電界強度に近づく．
2　受信点の電界強度は，見通し線上では，自由空間の電界強度のほぼ1/4となる．
3　見通し線より下方の領域では，受信点を低くするにつれて受信点の電界強度は低下する．
4　見通し線より下方の領域へは，ナイフエッジによる回折波が到達する．

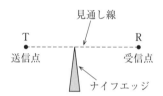

問 238　📖 解説あり!　　　　　　　正解 ⬜　完璧 ⬜　直前CHECK ⬜

　送信アンテナの地上高を324〔m〕，受信アンテナの地上高を4〔m〕としたとき，送受信アンテナ間の電波の見通し距離の値として，最も近いものを下の番号から選べ．ただし，大地は球面とし，標準大気における電波の屈折を考慮するものとする．

1　70〔km〕
2　76〔km〕
3　82〔km〕
4　88〔km〕
5　94〔km〕

📖 解説➡問236

送信アンテナの地上高をh_1〔m〕，受信アンテナの地上高をh_2〔m〕，等価地球半径係数をKとすると，見通し距離d〔km〕は，次式で表される.

$$d ≒ 3.57 \sqrt{K} × (\sqrt{h_1} + \sqrt{h_2}) \text{〔km〕} \quad\quad\quad ……(1)$$

標準大気における$K = 4/3$を式(1)に代入すると，dは次式で表される.

$$d ≒ 3.57 × \sqrt{\frac{4}{3}} × (\sqrt{h_1} + \sqrt{h_2}) = 3.57 × \frac{2}{\sqrt{3}} × (\sqrt{h_1} + \sqrt{h_2})$$

$$≒ 3.57 × \frac{2}{1.732} × (\sqrt{h_1} + \sqrt{h_2}) ≒ 4.12(\sqrt{h_1} + \sqrt{h_2}) \text{〔km〕}$$

 注意 アンテナの高さhの単位は〔m〕で，見通し距離dの単位は〔km〕だよ.

📖 解説➡問238

送信アンテナの地上高$h_1 = 324$〔m〕の平方根$\sqrt{h_1}$を求めると，次式で表される.

$$\begin{aligned}\sqrt{h_1} &= \sqrt{324} \\ &= \sqrt{4 × 81} \\ &= \sqrt{2^2 × 9^2} \\ &= 2 × 9 = 18\end{aligned}$$

受信アンテナの地上高をh_2〔m〕とすると，標準大気における電波の見通し距離d〔km〕は，次式で表される.

$$\begin{aligned}d &≒ 4.12(\sqrt{h_1} + \sqrt{h_2}) \\ &= 4.12 × (\sqrt{324} + \sqrt{4}) \\ &= 4.12 × (18 + 2) \\ &= 4.12 × 20 \\ &= 82.4 \text{〔km〕}\end{aligned}$$

よって，約82〔km〕である.

 $\sqrt{x}$は2乗するとxになる数を表すんだね. $2^2 = 4$なので$\sqrt{4} = 2$になるよ. $\sqrt{4}$は簡単だけど，数値が大きくなると難しいね. 国家試験では電卓が使えないので$\sqrt{}$は必ずひらけるよ. 2や3の小さい素数から割っていく素因数分解をして，同じ数の掛け算を見つけてね.

解答 問235➡3　問236➡3　問237➡2　問238➡3

 ミニ解説 **問237** （正）受信点の電界強度は，見通し線上では，自由空間の電界強度のほぼ1/2となる.

150

問 239 📖 解説あり! 　　　　　正解 □ 完璧 □ ✏直前CHECK □

次の記述は，図に示すマイクロ波回線の第1フレネルゾーンについて述べたものである．□内に入れるべき字句の正しい組合せを下の番号から選べ．

(1) 送信点Tから受信点R方向に測った距離d_1〔m〕の点Pにおける第1フレネルゾーンの回転楕円体の断面の半径r〔m〕は，点Pから受信点Rまでの距離をd_2〔m〕，波長をλ〔m〕とすれば，次式で与えられる．

$$r \fallingdotseq \boxed{}$$

(2) 周波数が15〔GHz〕，送受信点間の距離Dが20〔km〕であるとき，d_1が4〔km〕の点Pにおけるrは，約$\boxed{}$である．

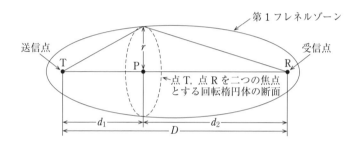

第1フレネルゾーン
送信点　　　　　　　　　　　　　　　　　受信点
　T　　　　　P　　　　　　　　　　R
　　　　　←点T，点Rを二つの焦点とする回転楕円体の断面
　　　d_1　　　　　　d_2
　　　　　　D

	A	B
1	$\sqrt{d_1/(d_1+d_2)}$	4〔m〕
2	$\sqrt{d_1/(d_1+d_2)}$	5〔m〕
3	$\sqrt{\lambda d_1 d_2/(d_1+d_2)}$	6〔m〕
4	$\sqrt{\lambda d_1 d_2/(d_1+d_2)}$	8〔m〕
5	$\sqrt{\lambda d_1 d_2/(d_1+d_2)}$	10〔m〕

Aの選択肢1と2に数値を入れれば，$d_1/(d_1+d_2)=4/20$となり，この値の$\sqrt{}$は1より小さいのでBの選択肢と合わないから，式が違うのがすぐ分かるね．誤った式で計算したとき，いつも数値が合わないとは限らないので，正しい式を覚えてね．

周波数 $f=15$〔GHz〕$=15\times10^9$〔Hz〕の電波の波長 λ〔m〕は，次式で表される.

$$\lambda=\frac{3\times10^8}{f}=\frac{30\times10^7}{15\times10^9}=2\times10^{7-9}=2\times10^{-2}\text{〔m〕}$$

λ の値と $d_1=4\times10^3$〔m〕，$d_2=D-d_1=20-4$〔km〕$=16\times10^3$〔m〕を選択肢Aの3～5の式に代入すると，r〔m〕を求めることができる.

$$r\fallingdotseq\sqrt{\lambda\frac{d_1d_2}{d_1+d_2}}$$

$$=\sqrt{2\times10^{-2}\times\frac{4\times10^3\times16\times10^3}{(4+16)\times10^3}}$$

$$=\sqrt{\frac{2\times4\times16\times10^{3-2}}{20}}$$

$$=\sqrt{\frac{2\times2\times2\times4\times4\times10}{2\times10}}$$

$$=\sqrt{2\times2\times4\times4}$$

$$=2\times4=8\text{〔m〕}$$

同じ数の掛け算を探して，$\sqrt{}$ がひらけるように計算してね.

解答 問239→4

問 240　　　　　　　　　　　正解 ☐　完璧 ☐　🖊 直前 CHECK ☐

　次の記述は，地上系のマイクロ波 (SHF) 通信の見通し内伝搬におけるフェージングについて述べたものである．☐☐内に入れるべき字句の正しい組合せを下の番号から選べ．ただし，降雨や降雪による減衰はフェージングに含まないものとする．

(1) フェージングは，☐ A ☐の影響を受けて発生する．

(2) フェージングは，一般に伝搬距離が長くなるほど☐ B ☐する．

(3) 等価地球半径 (係数) の変動により，直接波と大地反射波との通路差が変動するために生ずるフェージングを，☐ C ☐フェージングという．

	A	B	C
1	電離層の諸現象	増加	ダクト形
2	電離層の諸現象	減少	干渉性 K 形
3	対流圏の気象	増加	干渉性 K 形
4	対流圏の気象	減少	ダクト形

問 241　　　　　　　　　　　正解 ☐　完璧 ☐　🖊 直前 CHECK ☐

　次の記述は，マイクロ波 (SHF) のフェージングについて述べたものである．☐☐内に入れるべき字句の正しい組合せを下の番号から選べ．

(1) 大気層の揺らぎなどにより部分的に屈折率が変化するため，電波の一部が散乱して直接波との干渉が生じ，受信電界強度が，比較的短い周期で小幅に変動する現象を☐ A ☐フェージングという．

(2) 大気屈折率の分布状態が時間的に変化して地球の☐ B ☐が変化するため，直接波と大地反射波との干渉状態や大地による回折状態が変化して生ずるフェージングを K 形フェージングという．

	A	B
1	ダクト形	等価半径係数
2	ダクト形	導電率や誘電率
3	シンチレーション	導電率や誘電率
4	シンチレーション	等価半径係数

次の記述は，マイクロ波 (SHF) のフェージングについて述べたものである．□□□内に入れるべき字句の正しい組合せを下の番号から選べ．

(1) 大気層の揺らぎなどにより部分的に屈折率が変化し，電波の一部が散乱して直接波と干渉するため，受信電界強度が □ A □ 変動する現象をシンチレーションフェージングという．

(2) 大気層において高さによる湿度の急変や□ B □があるとき，ラジオダクトが発生し，受信電界強度が不規則に変動する現象をダクト形フェージングという．

(3) 大気屈折率の分布状態が時間的に変化して地球の□ C □が変化するため，直接波と大地反射波との干渉状態や大地による回折状態が変化して生ずるフェージングを K 形フェージングという．

	A	B	C
1	比較的短い周期で小幅に	大気成分割合の変化	自転の角速度
2	比較的短い周期で小幅に	温度の逆転層	等価半径係数
3	比較的長い周期で大幅に	温度の逆転層	自転の角速度
4	比較的長い周期で大幅に	大気成分割合の変化	自転の角速度
5	比較的長い周期で大幅に	温度の逆転層	等価半径係数

K 形フェージングの K は地球の等価半径係数を表す記号だよ．大気の屈折率が変化すると K の値が変化するよ．回折は山などの裏側に電波が伝わることや，湾曲した大地の見通し外に電波が伝わることだよ．

問 243　正解 □　完璧 □ 🖊 直前CHECK □

次の記述は，マイクロ波 (SHF) 帯の電波の大気中における減衰について述べたものである．　□内に入れるべき字句の正しい組合せを下の番号から選べ．

(1) 伝搬路中の降雨域で受ける減衰は，降雨量が多いほど　A　，電波の波長が長いほど　B　．

(2) 雨や霧や雲などによる吸収や散乱により減衰が生じる．雨の影響は，概ね　C　の周波数の電波で著しい．

	A	B	C
1	小さく	小さい	10〔GHz〕以上
2	小さく	大きい	10〔GHz〕未満
3	大きく	大きい	10〔GHz〕以上
4	大きく	大きい	10〔GHz〕未満
5	大きく	小さい	10〔GHz〕以上

問 244　正解 □　完璧 □ 🖊 直前CHECK □

次の記述は，マイクロ波 (SHF) 帯の電波の大気中における減衰について述べたものである．このうち誤っているものを下の番号から選べ．

1　伝搬路中の降雨域で受ける減衰は，電波の波長が短いほど小さい．
2　伝搬路中の降雨域で受ける減衰は，降雨量が多いほど大きい．
3　雨や霧や雲などによる吸収や散乱により減衰が生じる．
4　雨の影響は，概ね 10〔GHz〕以上の周波数の電波で著しい．

電波の雨による影響は，周波数が 10〔GHz〕以上になると減衰が大きくなるよ．
周波数が高い（波長が短い）ほど減衰が大きいよ．

問題

問 245　正解 [　]　完璧 [　]　✎ 直前 CHECK [　]

　次の記述は，陸上の移動体通信の電波伝搬特性について述べたものである．[　　]内に入れるべき字句の正しい組合せを下の番号から選べ．

(1) 基地局から送信された電波は，移動局周辺の建物などにより反射，回折され，定在波などを生じ，この定在波の中を移動局が移動すると受信波にフェージングが発生する．一般に，周波数が [　A　] ほど，また移動速度が**速い**ほど変動が速いフェージングとなる．

(2) さまざまな方向から反射，回折して移動局に到来する電波の遅延時間に差があるため，広帯域伝送では，一般に帯域内の各周波数の振幅と位相の変動が一様ではなく，伝送路の**周波数特性**が劣化し，伝送信号の波形ひずみが生じる．到来する電波の遅延時間を横軸にとり，各到来波の受信レベルを縦軸にプロットしたものは，[　B　] と呼ばれる．

	A	B
1	低い	フレネルゾーン
2	低い	遅延プロファイル
3	高い	フレネルゾーン
4	高い	遅延プロファイル

問 246　正解 [　]　完璧 [　]　✎ 直前 CHECK [　]

　次の記述は，スポラジックE（Es）層について述べたものである．このうち誤っているものを下の番号から選べ．

1　E層とほぼ同じ高さに発生する．
2　電子密度は，E層より大きい．
3　局所的，突発的に発生する．
4　通常E層を突き抜けてしまう超短波（VHF）帯の電波が，スポラジックE（Es）層で反射され，見通しをはるかに越えた遠方まで伝搬することがある．
5　我が国では，冬季の夜間に発生することが多い．

注：**太字**は，ほかの試験問題で穴あきになった用語を示す．

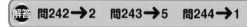

解答　問242➡2　問243➡5　問244➡1

ミニ解説　**問244**　（正）電波の波長が短いほど**大きい**．

156

問 247

　次の記述は，スポラジックE（Es）層について述べたものである．このうち正しいものを下の番号から選べ．

1　F層とほぼ同じ高さに発生する．

2　電子密度は，D層より小さい．

3　我が国では，冬季の夜間に発生することが多い．

4　通常E層を突き抜けてしまう超短波（VHF）帯の電波が，スポラジックE（Es）層で反射され，見通しをはるかに越えた遠方まで伝搬することがある．

5　比較的長期間，数ヶ月継続することが多い．

問 248

　次の記述は，鉛蓄電池について述べたものである．　☐　内に入れるべき字句の正しい組合せを下の番号から選べ．

(1) 陽極に　A　，陰極に鉛が用いられ，電解液に　B　が用いられる．

(2) 商用電源の停電を補償するため，インバータと組み合せて　C　にも利用される．

	A	B	C
1	二酸化鉛	希硫酸	無停電電源装置
2	二酸化鉛	蒸留水	自動電圧調整器
3	カドミウム	希硫酸	自動電圧調整器
4	カドミウム	希硫酸	無停電電源装置
5	カドミウム	蒸留水	自動電圧調整器

問 249

正解 ☐ 完璧 ☐ 🖊 直前CHECK ☐

次の記述は，鉛蓄電池について述べたものである．☐☐内に入れるべき字句の正しい組合せを下の番号から選べ．

(1) 鉛蓄電池は，☐A☐電池の代表的なものであり，電解液には☐B☐が用いられる．

(2) 鉛蓄電池の容量が，10時間率で30〔Ah〕のとき，この蓄電池は，3〔A〕の電流を連続して10時間流すことができる．この蓄電池で30〔A〕の電流を連続して流すことができる時間は，1時間☐C☐．

	A	B	C
1	2次	希硫酸	より短い
2	2次	蒸留水	より長い
3	1次	蒸留水	より長い
4	1次	希硫酸	より短い
5	1次	希硫酸	より長い

> 1次電池は充電できない電池のことで，2次電池は充電できる電池のことだよ．

問 250

正解 ☐ 完璧 ☐ 🖊 直前CHECK ☐

次の記述は，鉛蓄電池の一般的な取扱いについて述べたものである．このうち誤っているものを下の番号から選べ．

1 電解液は極板が露出しない程度に補充しておくこと．

2 3〜6か月に1度は，過放電をしておくこと．

3 放電した後は，電圧や電解液の比重などを放電前の状態に回復させておくこと．

4 電池の電極の負担を軽くするには，充電の初期に大きな電流が流れ過ぎないようにすること．

解答 問245➡4　問246➡5　問247➡4　問248➡1

問 246　（正）夏季の昼間に発生することが多い．

問 247　1（正）E層とほぼ同じ高さ　2（正）E層より大きい．　3（正）夏季の昼間に　5（正）局地的に発生し，出現時間は**数分から数時間**である．

問 251

正解 ☐　完璧 ☐　🖊 直前CHECK ☐

　次の記述は，無線中継所等において広く使用されているシール鉛蓄電池について述べたものである．このうち正しいものを下の番号から選べ．

1　電解液は，放電が進むにつれて比重が上昇する．
2　通常，電解液が外部に流出するので設置には注意が必要である．
3　定期的な補水（蒸留水）は，必要である．
4　正極は二酸化鉛，負極は金属鉛，電解液は希硫酸が用いられる．
5　シール鉛蓄電池を構成する単セルの電圧は，約24〔V〕である．

問 252

正解 ☐　完璧 ☐　🖊 直前CHECK ☐

　次の記述は，無線中継所等において広く使用されているシール鉛蓄電池について述べたものである．このうち誤っているものを下の番号から選べ．

1　定期的な補水（蒸留水）は，不必要である．
2　電解液は，放電が進むにつれて比重が低下する．
3　正極はカドミウム，負極は金属鉛，電解液には希硫酸が用いられる．
4　シール鉛蓄電池を構成する単セルの電圧は，約2〔V〕である．
5　通常，密閉構造となっているため，電解液が外部に流出しない．

問 253

正解 ☐　完璧 ☐　🖊 直前CHECK ☐

　次の記述は，リチウムイオン蓄電池について述べたものである．☐☐内に入れるべき字句の正しい組合せを下の番号から選べ．

(1) セル1個（単電池）当たりの公称電圧は，1.2〔V〕より　A　．
(2) ニッケルカドミウム蓄電池に比べ，小型軽量で　B　エネルギー密度であるため移動機器用電源として広く用いられている．また，メモリー効果が　C　ので，使用した分だけ補充する継ぎ足し充電が可能である．

	A	B	C
1	高い	高	ない
2	高い	低	ある
3	高い	高	ある
4	低い	低	ある
5	低い	高	ない

公称電圧は3.6〔V〕程度だよ．

問 254　　　　　　　　　　　　正解 ☐　完璧 ☐　✎ 直前CHECK ☐

　次の記述は，リチウムイオン蓄電池について述べたものである．このうち誤っているもの
を下の番号から選べ．

1　ニッケルカドミウム蓄電池と異なり，メモリー効果がないので使用した分だけ補充する
　継ぎ足し充電が可能である．
2　ニッケルカドミウム蓄電池に比べ，自己放電量が小さい．
3　電極間に充填された電解質中をリチウムイオンが移動して充放電を行う．
4　ニッケルカドミウム蓄電池に比べ，小型軽量・高エネルギー密度である．
5　セル1個（単電池）当たりの公称電圧は，1.2〔V〕である．

問 255　　　　　　　　　　　　正解 ☐　完璧 ☐　✎ 直前CHECK ☐

　次の記述は，図に示す浮動充電方式について述べたものである．このうち，誤っている
ものを下の番号から選べ．

1　停電などの非常時において，鉛蓄電池から負荷に電力を供給するときの瞬断がない．
2　通常（非停電時），負荷への電力の大部分は鉛蓄電池から供給される．
3　浮動充電は，電圧変動を鉛蓄電池が吸収するため直流出力電圧が安定している．
4　鉛蓄電池には，自己放電量を補う程度の微小電流で充電を行う．

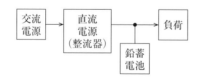

問 256

正解 ☐ 完璧 ☐ ✎ 直前CHECK ☐

次の記述は，平滑回路について述べたものである．☐内に入れるべき字句の正しい組合せを下の番号から選べ．

(1) 平滑回路は，一般に，コンデンサ C およびチョークコイル CH を用いて構成し，整流回路から出力された脈流の交流分（リプル）を取り除き，直流に近い出力電圧を得るための ☐ A ☐ である．

(2) 図は，☐ B ☐ 入力形平滑回路である．

	A	B
1	高域フィルタ(HPF)	チョーク
2	高域フィルタ(HPF)	コンデンサ
3	低域フィルタ(LPF)	チョーク
4	低域フィルタ(LPF)	コンデンサ
5	帯域フィルタ(BPF)	コンデンサ

チョークコイルは直流に近い周波数成分しか通さないから，低域を通過させる低域フィルタだよ．この回路は入力側がチョークコイルだからチョーク入力形，コンデンサが入力側に入っているのはコンデンサ入力形だよ．

問 257

正解 ☐ 完璧 ☐ ✎ 直前CHECK ☐

次の記述は，平滑回路について述べたものである．☐内に入れるべき字句の正しい組合せを下の番号から選べ．

(1) 平滑回路は，一般に，コンデンサ C およびチョークコイル CH を用いて構成し，☐ A ☐ から出力された脈流の交流分（リプル）を取り除き，直流に近い出力電圧を得るための低域フィルタ (LPF) である．

(2) 図は，☐ B ☐ 入力形平滑回路である．

	A	B
1	負荷	チョーク
2	負荷	コンデンサ
3	電源変圧器	チョーク
4	整流回路	コンデンサ
5	整流回路	チョーク

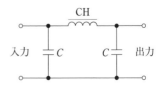

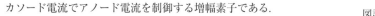

問題

問 258

正解 ☐ 完璧 ☐ ✎ 直前CHECK ☐

次の記述は，図に示す図記号のサイリスタについて述べたものである．このうち誤っているものを下の番号から選べ．

1 P形半導体とN形半導体を用いたPNPN構造である．
2 アノード，カソードおよびゲートの3つの電極がある．
3 カソード電流でアノード電流を制御する増幅素子である．
4 導通 (ON) および非導通 (OFF) の二つの安定状態をもつ素子である．

図記号

問 259

正解 ☐ 完璧 ☐ ✎ 直前CHECK ☐

次の記述は，図に示す図記号のサイリスタについて述べたものである．☐☐内に入れるべき字句の正しい組合せを下の番号から選べ．

(1) P形半導体とN形半導体を用いた☐ A ☐構造からなり，アノード，☐ B ☐およびゲートの3つの電極がある．
(2) 導通 (ON) および非導通 (OFF) の二つの安定状態をもつ☐ C ☐素子である．

	A	B	C
1	PNPN	ドレイン	増幅
2	PNPN	カソード	スイッチング
3	PNP	ドレイン	増幅
4	PNP	カソード	スイッチング
5	PNP	カソード	増幅

図記号

PNP構造はトランジスタだから違うよ．

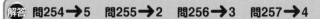

解答 問254➔5 問255➔2 問256➔3 問257➔4

ミニ解説 問 254 （正）3.6 [V] 程度である．
問 255 （正）大部分は，蓄電池からでなく**直流電源から供給される**．

162

問 260 正解 ☐ 完璧 ☐ ✎ 直前CHECK ☐

図は，無停電電源装置の基本的な構成例を示したものである．☐内に入れるべき字句の正しい組合せを下の番号から選べ．

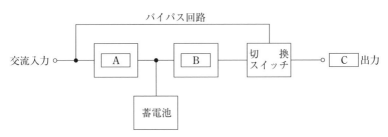

	A	B	C
1	発電機	インバータ	直流
2	インバータ	整流器	交流
3	整流器	インバータ	交流
4	インバータ	整流器	直流
5	整流器	インバータ	直流

問 261 正解 ☐ 完璧 ☐ ✎ 直前CHECK ☐

次の記述は，一般的な無停電電源装置について述べたものである．☐内に入れるべき字句の正しい組合せを下の番号から選べ．

(1) 定常時には，商用電源からの交流入力が ☐ A ☐ 器で直流に変換され，インバータに直流電力が供給される．インバータはその直流電力を交流電力に変換し負荷に供給する．

(2) 商用電源が停電した場合は，☐ B ☐ 電池に蓄えられていた直流電力がインバータにより交流電力に変換され，負荷には連続して交流電力が供給される．

(3) 無停電電源装置の交流出力は，一般的に，インバータのPWM制御を利用してその波形が正弦波に近く，また，☐ C ☐ を得ることができる．

	A	B	C
1	整流	2次	定電圧，定周波数
2	整流	1次	定電圧，定周波数
3	整流	1次	可変電圧，可変周波数
4	変圧	2次	定電圧，定周波数
5	変圧	1次	可変電圧，可変周波数

問題

内部抵抗 r〔Ω〕の電圧計に，$6r$〔Ω〕の値の直列抵抗器（倍率器）を接続したときの測定範囲の倍率として，正しいものを下の番号から選べ.

1　7倍
2　8倍
3　10倍
4　12倍
5　14倍

倍率器は電圧計に直列に接続する抵抗だよ. 直列回路の抵抗に加わる電圧は抵抗値に比例するよ. 電圧計に加わる電圧の6倍の電圧が倍率器に加わるから，測定範囲の電圧は，電圧計の電圧と倍率器の電圧を足せば求まるね.

内部抵抗 r〔Ω〕の電流計に，$r/7$〔Ω〕の値の分流器を接続したときの測定範囲の倍率として，正しいものを下の番号から選べ.

1　16倍
2　14倍
3　12倍
4　9倍
5　8倍

分流器は電流計に並列に接続する抵抗だよ. 並列回路の抵抗に流れる電流は抵抗値に反比例するよ. 電流計を流れる電流の7倍の電流が分流器を流れるから，測定範囲の電流は，電流計の電流と分流器の電流を足せば求まるね.

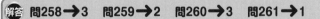
解答　問258→3　問259→2　問260→3　問261→1

ミニ解説　問258　（正）ゲート電流でアノード電流を制御するスイッチング素子である.

問 264　　　　　　　　　　　　　　　　正解 □　完璧 □　直前 CHECK □

　次の記述は，デジタルマルチメータについて述べたものである．□□□内に入れるべき字句の正しい組合せを下の番号から選べ．なお，同じ記号の□□□内には，同じ字句が入るものとする．

(1) 増幅器，□ A □，クロック信号発生器およびカウンタなどで構成され，□ A □の方式には，**積分形**などがある．

(2) 測定器内部の処理が容易なのは□ B □であるので，被測定量は，通常，□ B □に変換して測定される．

(3) 電圧測定において，アナログ方式の回路計（テスタ）に比べて入力インピーダンスが□ C □，被測定物に接続したときの被測定量の変動が小さい．

	A	B	C
1	A−D 変換器	直流電圧	高く
2	A−D 変換器	交流電圧	低く
3	D−A 変換器	直流電圧	低く
4	D−A 変換器	交流電圧	低く
5	D−A 変換器	直流電圧	高く

　　アナログ (A) の電圧などをデジタル (D) の測定量に変換するのは，
　　A−D 変換器だよ．

注：**太字**は，ほかの試験問題で穴あきになった用語を示す．

📖 解説→問262

　倍率器は，解説図のように電圧計と直列に接続して電圧計の測定範囲を拡大する抵抗のことをいう．回路に流れる電流をI〔A〕，電圧計の内部抵抗をr〔Ω〕，倍率器の抵抗を$R = 6r$〔Ω〕とすると，電圧計に加わる電圧V_r〔V〕と倍率器に加わる電圧V_R〔V〕は，それぞれ次式で表される．

$$V_r = rI \text{〔V〕} \qquad , \qquad V_R = RI = 6rI = 6Vr \text{〔V〕}$$

　回路全体に加わる測定電圧をV〔V〕とすると，測定範囲の倍率Nは，次式で表される．

$$N = \frac{V}{V_r} = \frac{V_r + V_R}{V_r} = \frac{Vr + 6Vr}{Vr} = 1 + 6 = 7$$

電圧計に加わる電圧を1とすると，倍率器は6の電圧が加わるから，全体の電圧が7になるので7倍だよ．

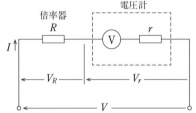

$$N = \frac{V}{V_r}$$

N：倍率

📖 解説→問263

　分流器は，解説図のように電流計と並列に接続して電流計の測定範囲を拡大する抵抗のことをいう．回路に加わる電圧をV〔V〕，電流計の内部抵抗をr〔Ω〕，分流器の抵抗を$R = r/7$〔Ω〕とすると，電流計を流れる電流I_r〔A〕と分流器を流れる電流I_R〔V〕は，それぞれ次式で表される．

$$I_r = \frac{V}{r} \text{〔A〕} \qquad , \qquad I_R = \frac{V}{R} = \frac{7V}{r} = 7I_r \text{〔A〕}$$

　回路を流れる電流をI〔A〕とすると，測定範囲の倍率Nは，次式で表される．

$$N = \frac{I}{I_r} = \frac{I_r + I_R}{I_r} = \frac{I_r + 7I_r}{I_r} = 1 + 7 = 8$$

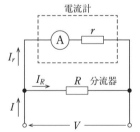

$$N = \frac{I}{I_r}$$

N：倍率

電流計を流れる電流を1とすると，分流器は7の電流が流れるから，全体の電流が8になるので8倍だよ．

解答 問262→1　　問263→5　　問264→1

問 265 　　　　　　　　　　　　正解 ☐ 完璧 ☐ ✏ 直前CHECK ☐

　図は，周波数カウンタ（計数形周波数計）の原理的構成例を示したものである．☐内に入れるべき字句の正しい組合せを下の番号から選べ．

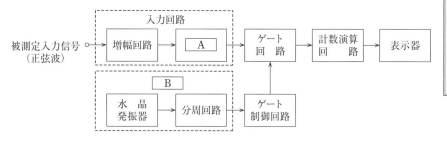

	A	B
1	波形整形回路	基準時間発生器
2	波形整形回路	掃引発振器
3	周波数変調器	基準時間発生器
4	周波数変調器	掃引発振器

問 266 　　　　　　　　　　　　正解 ☐ 完璧 ☐ ✏ 直前CHECK ☐

　次の記述は，図に示す周波数カウンタ（計数形周波数計）の動作原理について述べたものである．このうち誤っているものを下の番号から選べ．

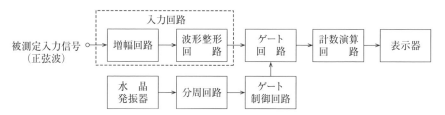

1　水晶発振器と分周回路で，擬似的にランダムな信号を作り，ゲート制御回路の制御信号として用いる．
2　T 秒間にゲート回路を通過するパルス数 N を，計数演算回路で計数演算すれば，周波数 F は，$F = N/T$ 〔Hz〕として測定できる．
3　被測定入力信号の周波数が高い場合は，波形整形回路とゲート回路の間に分周回路が用いられることもある．
4　被測定入力信号は入力回路でパルスに変換され，被測定入力信号と同じ周期を持つパルス列が，ゲート回路に加えられる．

問題

問 267

正解 ☐ 完璧 ☐ ✏ 直前CHECK ☐

次の記述は，アナログ方式のオシロスコープの一般的な機能について述べたものである．☐☐内に入れるべき字句の正しい組合せを下の番号から選べ．なお，同じ記号の☐☐内には，同じ字句が入るものとする．

垂直軸入力および水平軸入力に正弦波電圧を加えたとき，それぞれの正弦波電圧の☐A☐が整数比になると，画面に各種の静止図形が現れる．この図形を☐B☐といい，交流電圧の☐A☐の比較や☐C☐の観測を行うことができる．

	A	B	C
1	周波数	リサジュー図形	位相差
2	周波数	信号空間ダイアグラム	ひずみ率
3	振幅	信号空間ダイアグラム	ひずみ率
4	振幅	信号空間ダイアグラム	位相差
5	振幅	リサジュー図形	ひずみ率

問 268

正解 ☐ 完璧 ☐ ✏ 直前CHECK ☐

次の記述は，マイクロ波用標準信号発生器として一般に必要な条件について述べたものである．このうち条件に該当しないものを下の番号から選べ．

1　出力の周波数特性が良いこと．
2　出力のスプリアスが小さいこと．
3　出力の周波数が正確で安定であること．
4　出力レベルが正確で安定であること．
5　出力インピーダンスが連続的に可変であること．

解答 問265→1　問266→1

問 266　（正）水晶発振器と分周回路で構成される基準時間発生器が**正確な周波数を発振**し，ゲート制御回路の制御信号として用いる．

正解 □ 完璧 □ 🖊 直前CHECK □

次の図は，掃引同調形スペクトルアナライザの原理的構成例を示したものである．□ 内に入れるべき字句の正しい組合せを下の番号から選べ．

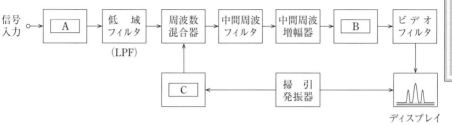

ディスプレイ

	A	B	C
1	クロック同期回路	振幅制限器	局部発振器
2	RF減衰器	振幅制限器	整合器
3	RF減衰器	検波器	整合器
4	RF減衰器	検波器	局部発振器
5	クロック同期回路	検波器	信号切替器

正解 □ 完璧 □ 🖊 直前CHECK □

次の記述に該当する測定器の名称を下の番号から選べ．

観測信号に含まれている周波数成分を求めるための測定器であり，送信機の周波数特性，送信機のスプリアス，寄生振動等の分析に用いられるものである．表示器（画面）は，横軸に周波数，縦軸に振幅を表示する．

1　定在波測定器
2　スペクトルアナライザ
3　周波数カウンタ
4　オシロスコープ
5　ボロメータ電力計

オシロスコープの横軸は時間を表して，スペクトルアナライザの横軸は周波数を表すよ．これらの測定器は表示画面を持っているよ．どちらも縦軸は振幅を表すよ．

169

問 271　　　　　　　　正解 □　完璧 □　直前 CHECK □

次の記述は，スペクトルアナライザに必要な特性の一部について述べたものである．
[____]内に入れるべき字句の正しい組合せを下の番号から選べ．

(1) 測定周波数帯域内で任意の信号を同一の確度で測定できるように，周波数応答が**平坦**な特性を持っていること．

(2) 大きな振幅差のある複数信号を誤差なしに表示できるように，[A]が十分広くとれること．

(3) 互いに周波数が接近している二つ以上の信号を十分な[B]で分離できること．

	A	B
1	ダイナミックレンジ	分解能
2	残留レスポンス	半値角
3	残留レスポンス	分解能
4	ダイナミックレンジ	半値角
5	残留FM	半値角

問 272　　　　　　　　正解 □　完璧 □　直前 CHECK □

次の記述は，オシロスコープおよびスペクトルアナライザの一般的な機能等について述べたものである．このうち誤っているものを下の番号から選べ．

1　スペクトルアナライザは，スペクトルの分析やスプリアスの測定等に用いられる．

2　オシロスコープの水平軸は振幅を，また，垂直軸は時間を表している．

3　スペクトルアナライザの水平軸は周波数を，また，垂直軸は振幅を表している．

4　オシロスコープは，本体の入力インピーダンスが 1〔MΩ〕と 50〔Ω〕の 2種類を備えるものがある．

5　オシロスコープは，リサジュー図形を描かせて周波数を測定することができる．

注：**太字**は，ほかの試験問題で穴あきになった用語を示す．

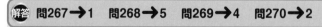

解答 問267➡1　問268➡5　問269➡4　問270➡2

　　　　問 268 一般に，標準信号発生器の出力インピーダンスは**特定の値**である．

問 273　　　　　　　　　　　　　正解 ⬜　完璧 ⬜　✏ 直前 CHECK ⬜

次の記述は，マイクロ波等の高周波電力の測定器に用いられるボロメータについて述べたものである．　　　内に入れるべき字句の正しい組合せを下の番号から選べ．

ボロメータは，半導体または金属が電波を　A　すると温度が上昇し，　B　の値が変化することを利用した素子で，高周波電力の測定に用いられる．ボロメータとしては，　C　やバレッタが使用される．

	A	B	C
1	反射	抵抗	サーミスタ
2	反射	静電容量	サイリスタ
3	吸収	抵抗	サイリスタ
4	吸収	抵抗	サーミスタ
5	吸収	静電容量	サイリスタ

問 274　　　　　　　　　　　　　正解 ⬜　完璧 ⬜　✏ 直前 CHECK ⬜

次の記述に該当する測定器の名称を下の番号から選べ．

温度によって抵抗値が変化しやすい素子に，マイクロ波電力を吸収させ，ジュール熱による温度上昇によって起こる抵抗変化を測ることにより，電力測定を行うものである．素子としては，バレッタやサーミスタがあり，主に小電力の測定に用いられる．

1　熱電対電力計
2　カロリメータ形電力計
3　CM形電力計
4　誘導形電力量計
5　ボロメータ電力計

次の記述は，図に示すボロメータ形電力計を用いたマイクロ波電力の測定方法の原理について述べたものである．　　　内に入れるべき字句の正しい組合せを下の番号から選べ．

(1) 直流ブリッジ回路の一辺を構成しているサーミスタ抵抗R_Sの値は，サーミスタに加わったマイクロ波電力およびブリッジの直流電流に応じて変化する．

(2) マイクロ波入力のない状態において，可変抵抗Rを加減してブリッジの平衡をとり，サーミスタに流れる電流I_1〔A〕を電流計Aで読み取る．このときのサーミスタで消費される電力は　A　〔W〕で表される．

(3) 次に，サーミスタにマイクロ波電力を加えると，サーミスタの発熱によりR_Sが変化し，ブリッジの平衡が崩れるので，再びRを調整してブリッジの平衡をとる．このときのサーミスタに流れる電流I_2〔A〕を電流計Aで読み取れば，サーミスタに吸収されたマイクロ波電力は　B　〔W〕で求められる．

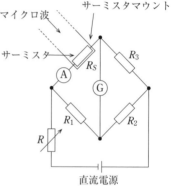

	A	B
1	$I_1^2 R_1 R_3 / R_2$	$(I_1^2 - I_2^2) R_1 R_3 / R_2$
2	$I_1^2 R_1 R_3 / R_2$	$(I_1 - I_2) R_1 R_3 / R_2$
3	$I_1^2 R_1 R_2 / R_3$	$(I_1^2 - I_2^2) R_1 R_2 / R_3$
4	$I_1^2 R_1 R_2 / R_3$	$(I_1^2 + I_2^2) R_1 R_2 / R_3$
5	$I_1^2 R_2 R_3 / R_1$	$(I_1 + I_2) R_2 R_3 / R_1$

R_S：サーミスタ抵抗〔Ω〕，G：検流計
R_1, R_2, R_3：抵抗〔Ω〕，R：可変抵抗〔Ω〕

解答　問271→1　問272→2　問273→4　問274→5

ミニ解説　問272　（正）オシロスコープの水平軸は**時間**を，また，垂直軸は**振幅**を表している．

問題

問 276　📖 解説あり！　　　正解 □　完璧 □　✐ 直前CHECK □

図に示すように，送信機の出力電力を 16〔dB〕の減衰器を通過させて電力計で測定したとき，その指示値が 25〔mW〕であった．この送信機の出力電力の値として，最も近いものを下の番号から選べ．ただし，$\log_{10}2=0.3$ とする．

1　　500〔mW〕
2　1,000〔mW〕
3　1,500〔mW〕
4　2,000〔mW〕
5　2,500〔mW〕

```
送信機 → 減衰器 → 電力計
```

問 277　　　　　　　正解 □　完璧 □　✐ 直前CHECK □

図は，被測定系の送受信装置が同一場所にある場合のデジタル無線回線のビット誤り率測定のための構成例である．□□□内に入れるべき字句の正しい組合せを下の番号から選べ．

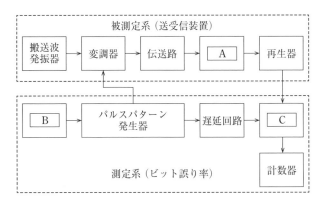

	A	B	C
1	圧縮器	マイクロ波信号発生器	誤りパルス検出器
2	圧縮器	クロックパルス発生器	パルス整形回路
3	復調器	マイクロ波信号発生器	パルス整形回路
4	復調器	クロックパルス発生器	誤りパルス検出器
5	復調器	マイクロ波信号発生器	誤りパルス検出器

ブリッジ回路が平衡すると次式が成り立つ.

$$R_1 R_3 = R_2 R_S$$

$R_S〔Ω〕$ を求めると,

対辺の抵抗の積が等しくなるよ.

$$R_S = \frac{R_1 R_3}{R_2}〔Ω〕$$

マイクロ波入力のない状態において,電流計の測定値を $I_1〔A〕$ とすると,抵抗の値が R_S のサーミスタで消費される直流電力 $P_1〔W〕$ は,次式で表される.

$$P_1 = I_1{}^2 R_S = I_1{}^2 \frac{R_1 R_3}{R_2}〔W〕$$

マイクロ波を加えて,ブリッジの平衡をとったときの電流計の測定値を $I_2〔A〕$ とすると,R_S で消費される直流電力 $P_2〔W〕$ は,次式で表される.

$$P_2 = I_2{}^2 R_S = I_2{}^2 \frac{R_1 R_3}{R_2}〔W〕$$

サーミスタで消費されたマイクロ波電力 P_m は,直流電流のみを加えたときの直流電力 P_1 からマイクロ波を加えたときの直流電力 P_2 を引いた値となるので,次式で表される.

$$P_m = P_1 - P_2 = (I_1{}^2 - I_2{}^2)\frac{R_1 R_3}{R_2}〔W〕$$

減衰器の減衰量 16〔dB〕の真数を L とすると,次式が成り立つ.

$$16〔dB〕= 10 \log_{10} L$$

$$10 + 3 + 3 = 10 \log_{10} 10 + 10 \log_{10} 2 + 10 \log_{10} 2 = 10 \log_{10}(10 \times 2 \times 2)$$

$$= 10 \log_{10} 40$$

よって,$L = 40$ となるので,測定電力 $P_M = 25〔mW〕$ のときの出力電力 $P_O〔mW〕$ は,次式で表される.

$$P_O = LP_M = 40 \times 25 = 1,000〔mW〕$$

電力比の計算は,3〔dB〕は 2 倍,6〔dB〕は 4 倍,10〔dB〕は 10 倍を覚えてね.

解答 問275➡1　問276➡2　問277➡4

(問) 278 📖 解説あり! 　正解 ☐ 完璧 ☐ ✏ 直前 CHECK ☐

　図に示す増幅器の利得の測定回路において，切換えスイッチSを①に接続して，レベル計の指示が0〔dBm〕となるように信号発生器の出力を調整した．次に減衰器の減衰量を15〔dB〕として，切換えスイッチSを②に接続したところ，レベル計の指示が8〔dBm〕となった．このとき被測定増幅器の電力増幅度の値（真数）として，最も近いものを下の番号から選べ．ただし，信号発生器，減衰器，被測定増幅器および負荷抵抗は整合されており，レベル計の入力インピーダンスによる影響はないものとする．また，1〔mW〕を0〔dBm〕，$\log_{10}2 = 0.3$とする．

1　200
2　300
3　400
4　500
5　1,000

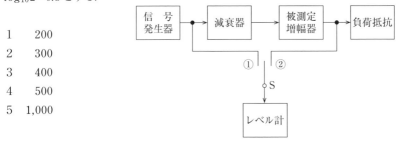

(問) 279 📖 解説あり! 　正解 ☐ 完璧 ☐ ✏ 直前 CHECK ☐

　図に示す増幅器の利得の測定回路において，レベル計の指示が0〔dBm〕となるように信号発生器の出力を調整して，減衰器の減衰量を16〔dB〕としたとき，電圧計の指示が0.71〔V〕となった．このとき被測定増幅器の電力増幅度の値（真数）として，最も近いものを下の番号から選べ．ただし，信号発生器，減衰器，被測定増幅器および負荷抵抗は整合されており，レベル計および電圧計の入力インピーダンスによる影響はないものとする．また，1〔mW〕を0〔dBm〕，$\log_{10}2 = 0.3$とする．

1　　50
2　100
3　200
4　400
5　1,000

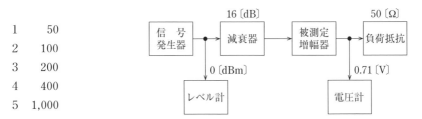

📖 解説➡問278

問題の図において，Sを①に接続したときのレベル計の指示を P_{I1}〔dBm〕，減衰器の減衰量を Γ〔dB〕とすると，増幅器の入力レベル P_I〔dBm〕は，次式で表される.

$$P_I = P_{I1} - \Gamma = 0 - 15 = -15 \text{〔dBm〕}$$

Sを②に接続すると増幅器の出力レベル P_O〔dBm〕が測定できるので，増幅器の利得 G_{dB}〔dB〕は，次式で表される.

$$G_{dB} = P_O - P_I = 8 - (-15) = 23 \text{〔dB〕}$$

利得の dB値 G_{dB} の真数を G とすると，次式が成り立つ.

$$23 \text{〔dB〕} = 10\log_{10}G$$
$$2 \times 10 + 3 = 10\log_{10}10^2 + 10\log_{10}2 = 10\log_{10}(100 \times 2)$$
$$= 10\log_{10}200$$

よって，$G = 200$

電力比の計算は，3〔dB〕は 2 倍，20〔dB〕は 100 倍を覚えてね.

📖 解説➡問279

問題の図において，負荷抵抗を R〔Ω〕，電圧計の指示を V〔V〕とすると，増幅器の出力電力 P_O〔W〕は，次式で表される.

$$P_O = \frac{V^2}{R} = \frac{0.71^2}{50} \fallingdotseq \frac{0.5}{50} = 0.01 \text{〔W〕} = 10 \text{〔mW〕}$$

これを 1〔mW〕を 0〔dBm〕としたデシベルで表すと，

$$P_O = 10\log_{10}10 = 10 \text{〔dBm〕}$$

となる. レベル計の指示を P_{I1}〔dBm〕，減衰器の減衰量を Γ〔dB〕，増幅器の入力レベルを P_I〔dBm〕とすると，増幅器の利得 G_{dB}〔dB〕は，次式で表される.

$$G_{dB} = P_O - P_I = P_O - (P_{I1} - \Gamma) = 10 - (0 - 16) = 26 \text{〔dB〕}$$

利得の dB値 G_{dB} の真数を G とすると，次式が成り立つ.

$$26 \text{〔dB〕} = 10\log_{10}G$$
$$2 \times 10 + 3 + 3 = 10\log_{10}10^2 + 10\log_{10}2 + 10\log_{10}2 = 10\log_{10}(10^2 \times 2 \times 2)$$
$$= 10\log_{10}400$$

よって，$G = 400$

dB の足し算は真数の掛け算だよ.
dB の引き算は真数の割り算だね.

解答 問278➡1　問279➡4

問 280　　　　　　　　　　　　　正解 ☐　完璧 ☐　✏ 直前CHECK ☐

　図は，被測定系の変調器と復調器とが伝送路を介して離れている場合のデジタル無線回線のビット誤り率測定の構成例を示したものである．☐内に入れるべき字句の正しい組合せを下の番号から選べ．

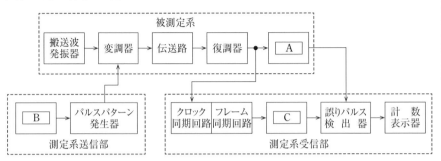

	A	B	C
1	クロックパルス発生器	クロックパルス発生器	クロックパルス発生器
2	クロックパルス発生器	搬送波発振器	パルスパターン発生器
3	再生器	クロックパルス発生器	クロックパルス発生器
4	再生器	クロックパルス発生器	パルスパターン発生器
5	再生器	搬送波発振器	クロックパルス発生器

問 281　　　　　　　　　　　　　正解 ☐　完璧 ☐　✏ 直前CHECK ☐

　次の記述は，デジタル伝送における品質評価方法の一つであるアイパターンの観測について述べたものである．このうち誤っているものを下の番号から選べ．

1　識別器直前のパルス波形を，パルス繰返し周波数 (クロック周波数) に同期して，オシロスコープ上に描かせて観測することができる．
2　デジタル伝送における波形ひずみの影響を観測できる．
3　アイパターンを観測することにより受信信号の雑音に対する余裕度がわかる．
4　伝送系のひずみや雑音が小さいほど，アイパターンの中央部のアイの開きは小さくなる．

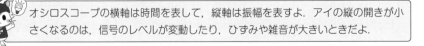

　オシロスコープの横軸は時間を表して，縦軸は振幅を表すよ．アイの縦の開きが小さくなるのは，信号のレベルが変動したり，ひずみや雑音が大きいときだよ．

問 282　　　　　　　　　　　正解 ☐　完璧 ☐　✎ 直前CHECK ☐

次の記述は，デジタル伝送における品質評価方法の一つであるアイパターンの観測について述べたものである．☐内に入れるべき字句の正しい組合せを下の番号から選べ．

(1) 伝送系のひずみや雑音が小さいほど，中央部のアイの開きは ☐A☐ なる．
(2) デジタル信号の伝送時における正確で定量的なビット誤り率の測定が ☐B☐ ．

	A	B
1	大きく	できる
2	大きく	できない
3	小さく	できる
4	小さく	できない

問 283　　　　　　　　　　　正解 ☐　完璧 ☐　✎ 直前CHECK ☐

次の記述は，デジタル伝送における品質評価方法の一つであるアイパターンの観測について述べたものである．☐内に入れるべき字句の正しい組合せを下の番号から選べ．

(1) アイパターンは，識別器直前のパルス波形を ☐A☐ に同期して，オシロスコープ上に描かせたものである．
(2) 伝送系のひずみや雑音が小さいほど，中央部のアイの開きは ☐B☐ なる．

	A	B
1	パルス繰返し周波数(クロック周波数)	小さく
2	ドップラー周波数	小さく
3	パルス繰返し周波数(クロック周波数)	大きく
4	ドップラー周波数	大きく

解答 問280➡4　問281➡4

ミニ解説　　問281　(正) 中央部のアイの開きは**大きく**なる．

178

問題

問 284　　　　　　　　　　　　　　正解 □　完璧 □　✎ 直前 CHECK □

　次の記述は，図に示す方向性結合器を用いて導波管回路の定在波比（SWR）を測定する方法について述べたものである．□内に入れるべき字句の正しい組合せを下の番号から選べ．なお，同じ記号の□内には，同じ字句が入るものとする．

(1) ①からマイクロ波電力を加え，②に被測定回路，③に電力計 I ，④に電力計 II を接続したとき，電力計 I および電力計 II の指示値をそれぞれ M_1 および M_2 とすると，M_1 には反射波に　A　した電力が，M_2 には進行波に　A　した電力が得られる．

(2) このときの反射係数 Γ は，　B　で表される．また，SWR は，$(1+\Gamma)/(1-\Gamma)$ により求められる．

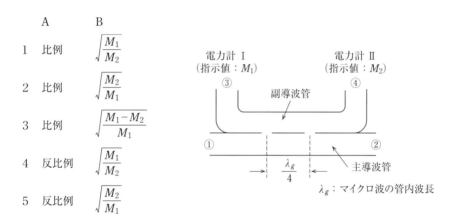

	A	B
1	比例	$\sqrt{\dfrac{M_1}{M_2}}$
2	比例	$\sqrt{\dfrac{M_2}{M_1}}$
3	比例	$\sqrt{\dfrac{M_1-M_2}{M_1}}$
4	反比例	$\sqrt{\dfrac{M_1}{M_2}}$
5	反比例	$\sqrt{\dfrac{M_2}{M_1}}$

電力計 I （指示値：M_1）　　電力計 II （指示値：M_2）

③　　副導波管　　④

①　　　　　　　②

$\dfrac{\lambda_g}{4}$　　主導波管

λ_g：マイクロ波の管内波長

図に示す方向性結合器を用いた導波管回路の定在波比 (SWR) の測定において，①にマイクロ波電力を加え，②に被測定回路，③に電力計Ⅰ，④に電力計Ⅱを接続したとき，電力計Ⅰおよび電力計Ⅱの指示値がそれぞれ M_1 および M_2 であった．このときの反射係数 Γ および SWR を表す式の正しい組合せを下の番号から選べ．

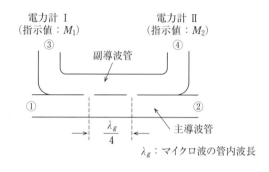

Γ　　　　SWR

1　$\sqrt{\dfrac{M_2}{M_1}}$　　$\dfrac{1-\Gamma}{1+\Gamma}$

2　$\sqrt{\dfrac{M_2}{M_1}}$　　$\dfrac{1+\Gamma}{1-\Gamma}$

3　$\sqrt{\dfrac{M_2}{M_1}}$　　$\dfrac{1-\Gamma}{\Gamma}$

4　$\sqrt{\dfrac{M_1}{M_2}}$　　$\dfrac{1-\Gamma}{1+\Gamma}$

5　$\sqrt{\dfrac{M_1}{M_2}}$　　$\dfrac{1+\Gamma}{1-\Gamma}$

電力計Ⅰ（指示値：M_1）　③　　電力計Ⅱ（指示値：M_2）　④

副導波管

①　　　　②

$\dfrac{\lambda_g}{4}$　　主導波管

λ_g：マイクロ波の管内波長

問 286

正解 ☐ 完璧 ☐ 直前CHECK ☐

次の記述は，電波法の目的及び電波法に定める定義について述べたものである．電波法（第1条及び第2条）の規定に照らし，☐☐内に入れるべき最も適切な字句の組合せを下の1から4までのうちから一つ選べ．

① 電波法は，電波の ☐A☐ な利用を確保することによって，公共の福祉を増進することを目的とする．

② 「無線設備」とは，無線電信，無線電話その他電波を送り，又は受けるための ☐B☐ をいう．

③ 「無線局」とは，無線設備及び ☐C☐ の総体をいう．ただし，受信のみを目的とするものを含まない．

	A	B	C
1	公平かつ能率的	通信設備	無線設備の操作又はその監督を行う者
2	公平かつ能率的	電気的設備	無線設備の操作を行う者
3	有効かつ適正	通信設備	無線設備の操作を行う者
4	有効かつ適正	電気的設備	無線設備の操作又はその監督を行う者

問 287

正解 ☐ 完璧 ☐ 直前CHECK ☐

次の記述は，電波法に規定する定義について述べたものである．電波法（第2条）の規定に照らし，☐☐内に入れるべき最も適切な字句の組合せを下の1から4までのうちから一つ選べ．

① 「無線局」とは，無線設備及び ☐A☐ の総体をいう．ただし，受信のみを目的とするものを含まない．

② 「無線設備」とは，無線電信，無線電話その他電波を送り，又は受けるための ☐B☐ をいう．

③ 「無線従事者」とは，無線設備の ☐C☐ を行う者であって，総務大臣の免許を受けたものをいう．

	A	B	C
1	無線設備の操作を行う者	電気的設備	操作又はその監督
2	無線従事者	通信設備	操作又はその監督
3	無線従事者	電気的設備	操作
4	無線設備の操作を行う者	通信設備	操作

電波法規　電波法の概要

181

問 288 　　　　　　　　　　　正解 □　完璧 □　✎ 直前CHECK □

　次の記述のうち，電波法に規定する用語の定義に適合するものはどれか．電波法（第2条）の規定に照らし，下の1から4までのうちから一つ選べ．

1　「無線局」とは，無線設備及び無線設備の管理を行う者の総体をいう．ただし，受信のみを目的とするものを含まない．
2　「無線従事者」とは，無線設備の操作又はその管理を行う者であって，総務大臣の免許を受けたものをいう．
3　「無線電話」とは，電波を利用して，音声その他の音響を送り，又は受けるための通信設備をいう．
4　「電波」とは，500万メガヘルツ以下の周波数の電磁波をいう．

問 289 　　　　　　　　　　　正解 □　完璧 □　✎ 直前CHECK □

　次の記述のうち，無線局を開設しようとする際に総務大臣の免許を受ける必要のない無線局に該当しないものはどれか．電波法（第4条）の規定に照らし，下の1から4までのうちから一つ選べ．

1　発射する電波が著しく微弱な無線局で総務省令で定めるもの
2　陸上を移動中又はその特定しない地点に停止中運用する小規模な無線局であって，適合表示無線設備のみを使用するもの
3　26.9 MHzから27.2 MHzまでの周波数の電波を使用し，かつ，空中線電力が0.5ワット以下である無線局のうち総務省令で定めるものであって，適合表示無線設備のみを使用するもの
4　空中線電力が1ワット以下である無線局のうち総務省令で定めるものであって，電波法第4条の2（呼出符号又は呼出名称の指定）の規定により指定された呼出符号又は呼出名称を自動的に送信し，又は受信する機能その他総務省令で定める機能を有することにより他の無線局にその運用を阻害するような混信その他の妨害を与えないように運用することができるもので，かつ，適合表示無線設備のみを使用するもの

解答 問285➡5　問286➡2　問287➡1

問 290 正解 ☐ 完璧 ☐ 📝 直前 CHECK ☐

　次の記述は，無線局（包括免許に係るものを除く．）の開設について述べたものである．電波法（第4条，第76条及び第110条）の規定に照らし，□□□内に入れるべき最も適切な字句の組合せを下の1から4までのうちから一つ選べ．

① 　無線局を開設しようとする者は，**総務大臣の免許**を受けなければならない．ただし，　A　無線局で総務省令で定めるもの等，電波法第4条（無線局の開設）ただし書に掲げる無線局については，この限りでない．

② 　総務大臣は，免許人が不正な手段により①の規定による無線局の免許を受けたときは，　B　ことができる．

③ 　①の規定による免許がないのに，無線局を開設した者は，**1年以下の懲役又は**　C　に処する．

	A	B	C
1	発射する電波が著しく微弱な	その無線局の運用の停止を命ずる	50万円以下の罰金
2	発射する電波が著しく微弱な	その免許を取り消す	100万円以下の罰金
3	小規模な	その無線局の運用の停止を命ずる	100万円以下の罰金
4	小規模な	その免許を取り消す	50万円以下の罰金

法　規　電波法の概要／無線局

注：**太字**は，ほかの試験問題で穴あきになった用語を示す．

問題

問 291　　　　　　　　　　　　正解 □　完璧 □　直前CHECK □

次の記述は，電波法第4条（無線局の開設）第1項第1号に規定する発射する電波が著しく微弱なため，総務大臣の免許を受けることを要しない総務省令で定める無線局について述べたものである．電波法施行規則（第6条）の規定に照らし，□□内に入れるべき最も適切な字句の組合せを下の1から4までのうちから一つ選べ．

当該無線局の無線設備から3メートルの距離において，その電界強度(注)が，次の表の左欄の区分に従い，それぞれ同表の右欄に掲げる値以下であるもの

注　総務大臣が別に告示する試験設備の内部においてのみ使用される無線設備については当該試験設備の外部における電界強度を当該無線設備からの距離に応じて補正して得たものとし，人の生体内に植え込まれた状態又は一時的に留置された状態においてのみ使用される無線設備については当該生体の外部におけるものとする．

周波数帯	電界強度
322 MHz 以下	毎メートル　A
322 MHz を超え 10 GHz 以下	毎メートル　B

　　　　A　　　　　　　　　B
1　500 マイクロボルト　　35 マイクロボルト
2　300 マイクロボルト　　100 マイクロボルト
3　300 マイクロボルト　　35 マイクロボルト
4　500 マイクロボルト　　100 マイクロボルト

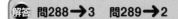

解答　問288→3　問289→2　問290→2

問 288　1（正）無線設備の**操作**を行う者　2（正）操作又はその**監督**を行う者
ミニ解説　4（正）**300 万メガヘルツ以下**

問 292　　　　　　　　　　　　正解 □　完璧 □　🖉 直前CHECK □

　次の記述のうち，総務大臣が無線局の免許を与えないことができる者に該当するものは
どれか．電波法（第5条）の規定に照らし，下の1から4までのうちから一つ選べ．

1　無線局の予備免許の際に指定された工事落成の期限経過後2週間以内に工事が落成し
　た旨の届出がなかったことにより免許を拒否され，その拒否の日から2年を経過しない者
2　刑法に規定する罪を犯し罰金以上の刑に処せられ，その執行を終わり，又はその執行
　を受けることがなくなった日から2年を経過しない者
3　無線局の免許の有効期間満了により免許が効力を失い，その効力を失った日から2年
　を経過しない者
4　無線局の免許の取消しを受け，その取消しの日から2年を経過しない者

問 293　　　　　　　　　　　　正解 □　完璧 □　🖉 直前CHECK □

　総務大臣が基地局の免許の申請書を受理したときに審査しなければならない事項に関す
る次の記述のうち，電波法（第7条）の規定に照らし，この規定に定めるところに該当しな
いものはどれか．下の1から4までのうちから一つ選べ．

1　工事設計が電波法第3章（無線設備）に定める技術基準に適合すること．
2　周波数の割当てが可能であること．
3　総務省令で定める無線局（基幹放送局を除く．）の開設の根本的基準に合致すること．
4　当該業務を維持するに足りる経理的基礎及び技術的能力があること．

問 294　　　　　　　　　　　　正解 □　完璧 □　🖉 直前CHECK □

　次に掲げる事項のうち，無線局の予備免許の際に総務大臣から指定されるものはどれか．
電波法（第8条）の規定に照らし，下の1から4までのうちから一つ選べ．

1　空中線電力
2　免許の有効期間
3　無線設備の設置場所
4　通信の相手方及び通信事項

> 予備免許の際に指定される事項は，
> ①工事落成の期限
> ②電波の型式及び周波数
> ③識別信号
> ④空中線電力
> ⑤運用許容時間
> だよ．

電波法規　無線局

問 295　正解 □　完璧 □　✎ 直前CHECK □

次の記述のうち，無線局の予備免許の際に総務大臣から指定される事項に該当するものはどれか．電波法（第8条）の規定に照らし，下の1から4までのうちから一つ選べ．

1　無線局の目的
2　運用許容時間
3　無線設備の設置場所
4　通信の相手方及び通信事項

問 296　正解 □　完璧 □　✎ 直前CHECK □

固定局の予備免許中における工事落成の期限の延長，工事設計の変更等に関する次の記述のうち，電波法（第8条及び第9条）の規定に照らし，これらの規定に定めるところに適合しないものはどれか．下の1から4までのうちから一つ選べ．

1　予備免許を受けた者は，無線局の目的，通信の相手方，通信事項又は無線設備の設置場所を変更しようとするときは，あらかじめ総務大臣にその旨を届け出なければならない．ただし，基幹放送局以外の無線局が基幹放送をすることとする無線局の目的の変更は，これを行うことができない．
2　予備免許を受けた者が工事設計の変更をしようとするときは，その変更は，周波数，電波の型式又は空中線電力に変更を来すものであってはならず，かつ，工事設計が電波法第3章（無線設備）に定める技術基準に合致するものでなければならない．
3　予備免許を受けた者は，工事設計を変更しようとするときは，あらかじめ総務大臣の許可を受けなければならない．ただし，総務省令で定める軽微な事項については，この限りでない．
4　総務大臣は，予備免許を受けた者から申請があった場合において，相当と認めるときは，予備免許の際に指定した工事落成の期限を延長することができる．

解答 問291→1　問292→4　問293→4　問294→1

問 292　免許を与えないことができる者に該当するものは，①電波法又は放送法に規定する罪を犯し罰金以上の刑に処せられ，その執行を終わり，又はその執行を受けることがなくなった日から2年を経過しない者，②無線局の免許の取消しを受け，その取消しの日から2年を経過しない者である．

ミニ解説

問 294　指定される事項は，①工事落成の期限，②電波の型式及び周波数，③識別信号，④空中線電力，⑤運用許容時間　である．

　　次の記述は，予備免許及び申請による周波数等の変更について述べたものである．電波法（第8条及び第19条）の規定に照らし，☐☐内に入れるべき最も適切な字句の組合せを下の1から4までのうちから一つ選べ．なお，同じ記号の☐☐内には，同じ字句が入るものとする．

①　総務大臣は，電波法第7条（申請の審査）の規定により審査した結果，その申請が同条第1項各号に適合していると認めるときは，申請者に対し，次の(1)から(5)までに掲げる事項を指定して，無線局の予備免許を与える．

　　(1)　☐ A ☐　　　　(2) 電波の型式及び周波数　　　(3) 識別信号　　　(4) **空中線電力**
　　(5)　☐ B ☐

②　総務大臣は，予備免許を受けた者から申請があった場合において，相当と認めるときは，☐ A ☐を延長することができる．

③　総務大臣は，免許人又は電波法第8条の予備免許を受けた者が識別信号，電波の型式，周波数，**空中線電力**又は☐ B ☐の指定の変更を申請した場合において，☐ C ☐ときは，その指定を変更することができる．

電波法規　無線局

	A	B	C
1	工事落成の期限	運用許容時間	混信の除去その他特に必要があると認める
2	工事落成の期限	無線設備の設置場所	電波の規整その他公益上必要がある
3	免許の有効期間	運用許容時間	電波の規整その他公益上必要がある
4	免許の有効期間	無線設備の設置場所	混信の除去その他特に必要があると認める

注：**太字**は，ほかの試験問題で穴あきになった用語を示す．

問 298　　　　　　　　　　　　　正解 ☐　完璧 ☐　📝 直前 CHECK ☐

　次の記述は，固定局の予備免許を受けた者が行う工事設計の変更について述べたものである．電波法（第9条）の規定に照らし，☐☐☐内に入れるべき最も適切な字句の組合せを下の1から4までのうちから一つ選べ．

① 　電波法第8条の予備免許を受けた者は，工事設計を変更しようとするときは，あらかじめ ☐ A ☐ なければならない．ただし，総務省令で定める軽微な事項については，この限りでない．

② 　①のただし書の事項について工事設計を変更したときは，☐ B ☐ なければならない．

③ 　①の変更は，☐ C ☐ に変更を来すものであってはならず，かつ，工事設計が電波法第3章（無線設備）に定める**技術基準**に合致するものでなければならない．

	A	B	C
1	総務大臣に届け出	遅滞なくその旨を総務大臣に届け出	無線設備の設置場所
2	総務大臣の許可を受け	変更した内容を無線局事項書の備考欄に記載し	無線設備の設置場所
3	総務大臣に届け出	変更した内容を無線局事項書の備考欄に記載し	周波数，電波の型式又は空中線電力
4	総務大臣の許可を受け	遅滞なくその旨を総務大臣に届け出	周波数，電波の型式又は空中線電力

法規の選択肢は四つなので，穴あきがABCの三つある問題は，ABCの穴うち二つに埋める字句が分かれば，ほぼ答えが見つかるよ．正確に用語を覚えて答えれば一つ分からなくても大丈夫だよ．

注：**太字**は，ほかの試験問題で穴あきになった用語を示す．

解答 問295→2　問296→1　問297→1

ミニ解説　問295　指定される事項は，①工事落成の期限，②電波の型式及び周波数，③識別信号，④空中線電力，⑤運用許容時間　である．
　　　　　問296　（正）あらかじめ総務大臣の**許可を受け**なければならない．

問 299

正解 □　完璧 □　直前 CHECK □

次の記述は，無線局の落成後の検査について述べたものである．電波法（第10条）の規定に照らし，□□□内に入れるべき最も適切な字句の組合せを下の1から4までのうちから一つ選べ．

① 電波法第8条の予備免許を受けた者は，工事が落成したときは，その旨を総務大臣に届け出て，その無線設備，無線従事者の資格（主任無線従事者の要件に係るものを含む．）及び A 並びに時計及び書類（以下「無線設備等」という．）について検査を受けなければならない．

② ①の検査は，①の検査を受けようとする者が，当該検査を受けようとする無線設備等について登録検査等事業者 (注1) 又は登録外国点検事業者 (注2) が総務省令で定めるところにより行った当該登録に係る B を記載した書類を添えて①の届出をした場合においては，C を省略することができる．

注1　電波法第24条の2（検査等事業者の登録）第1項の登録を受けた者をいう．
　2　電波法第24条の13（外国点検事業者の登録等）第1項の登録を受けた者をいう．

	A	B	C
1	技能	点検の結果	当該検査
2	員数	点検の結果	その一部
3	技能	検査の結果	その一部
4	員数	検査の結果	当該検査

問 300

正解 □　完璧 □　直前 CHECK □

次の記述のうち，無線局の予備免許を受けた者が総務大臣から指定された工事落成の期限（工事落成の期限の延長があったときは，その期限）経過後2週間以内に電波法第10条（落成後の検査）の規定による工事が落成した旨の届出をしないときに，総務大臣から受ける処分に該当するものはどれか．電波法（第11条）の規定に照らし，下の1から4までのうちから一つ選べ．

1　無線局の免許を拒否される．
2　無線局の予備免許を取り消される．
3　速やかに工事を落成するよう命ぜられる．
4　工事落成期限の延長の申請をするよう命ぜられる．

問題

問 301 　　　　　　　　　　　　　正解 ☐ 完璧 ☐ 📝 直前CHECK ☐

　次の記述は，無線局の免許の有効期間について述べたものである．電波法（第13条）及び電波法施行規則（第7条）の規定に照らし，☐☐内に入れるべき最も適切な字句の組合せを下の1から4までのうちから一つ選べ．なお，同じ記号の☐☐内には，同じ字句が入るものとする．

① 　免許の有効期間は，免許の日から起算して ☐ A ☐ を超えない範囲内において総務省令で定める．ただし，再免許を妨げない．

② 　特定実験試験局（総務大臣が公示する周波数，当該周波数の使用が可能な地域及び期間並びに空中線電力の範囲内で開設する実験試験局をいう．）の免許の有効期間は，☐ B ☐ とする．

③ 　実用化試験局の免許の有効期間は，☐ C ☐ とする．

④ 　固定局の免許の有効期間は，☐ A ☐ とする．

	A	B	C
1	5年	当該実験又は試験の目的を達成するために必要な期間	1年
2	5年	当該周波数の使用が可能な期間	2年
3	3年	当該周波数の使用が可能な期間	1年
4	3年	当該実験又は試験の目的を達成するために必要な期間	2年

　一般に免許の有効期間は5年だよ．固定局が基地局や陸上移動局に変わっても一緒だよ．特定実験試験局と実用化試験局は違うので気をつけてね．

解答 問298→4　問299→2　問300→1

190

解答（左端縦書き）

問 302　　　　　　　　　　　　正解 □　完璧 □　直前CHECK □

　次の記述は，無線局の免許の有効期間及び再免許の申請の期間について述べたものである．電波法（第13条），電波法施行規則（第7条）及び無線局免許手続規則（第17条）の規定に照らし，□□□内に入れるべき最も適切な字句の組合せを下の1から4までのうちから一つ選べ．なお，同じ記号の□□□内には，同じ字句が入るものとする．

①　免許の有効期間は，免許の日から起算して□A□を超えない範囲内において総務省令で定める．ただし，再免許を妨げない．

②　特定実験試験局（総務大臣が公示する周波数，当該周波数の使用が可能な地域及び期間並びに空中線電力の範囲内で開設する実験試験局をいう．以下同じ．）の免許の有効期間は，□B□とする．

③　固定局の免許の有効期間は，□A□とする．

④　再免許の申請は，特定実験試験局にあっては免許の有効期間満了前1箇月以上3箇月を超えない期間，固定局にあっては免許の有効期間満了前□C□を超えない期間において行わなければならない．ただし，免許の有効期間が **1年** 以内である無線局については，その有効期間満了前1箇月までに行うことができる．

⑤　免許の有効期間満了前 **1箇月** 以内に免許を与えられた無線局については，④の規定にかかわらず，免許を受けた後直ちに再免許の申請を行わなければならない．

	A	B	C
1	5年	当該周波数の使用が可能な期間	3箇月以上6箇月
2	5年	当該実験又は試験の目的を達成するために必要な期間	1箇月以上1年
3	2年	当該実験又は試験の目的を達成するために必要な期間	3箇月以上6箇月
4	2年	当該周波数の使用が可能な期間	1箇月以上1年

 免許の有効期間が満了する日は，固定局や基地局などの局種によって特定の日が定められているよ．その途中で免許を受けると免許の有効期間が短くなることがあるんだよ．

注：**太字** は，ほかの試験問題で穴あきになった用語を示す．

電波法規　無線局

問題

問 303　　　　　　　　　　正解 ☐　完璧 ☐　🖊 直前CHECK ☐

　無線局の免許の有効期間及び再免許の申請の期間に関する次の記述のうち，電波法（第13条），電波法施行規則（第7条）及び無線局免許手続規則（第17条）の規定に照らし，これらの規定に定めるところに適合しないものはどれか．下の1から4までのうちから一つ選べ．

1　免許の有効期間は，免許の日から起算して5年を超えない範囲内において総務省令で定める．ただし，再免許を妨げない．
2　特定実験試験局（総務大臣が公示する周波数，当該周波数の使用が可能な地域及び期間並びに空中線電力の範囲内で開設する実験試験局をいう．）の免許の有効期間は，当該実験又は試験の目的を達成するために必要な期間とする．
3　固定局の免許の有効期間は，5年とする．
4　再免許の申請は，固定局（免許の有効期間が1年以内であるものを除く．）にあっては免許の有効期間満了前3箇月以上6箇月を超えない期間において行わなければならない．

問 304　　　　　　　　　　正解 ☐　完璧 ☐　🖊 直前CHECK ☐

　次に掲げる事項のうち，固定局の免許状に記載される事項に該当しないものはどれか．電波法（第14条）の規定に照らし，下の1から4までのうちから一つ選べ．

1　無線局の目的
2　免許の有効期間
3　空中線の型式及び構成
4　無線設備の設置場所

解答 問301→2　問302→1

問題

問 305

正解 [ ]　完璧 [ ]　直前 CHECK [ ]

　免許人は，無線設備の変更の工事（総務省令で定める軽微な事項を除く.）をしようとするときは，どのような手続が必要か．電波法（第17条）の規定に照らし，下の1から4までのうちから一つ選べ.

1　あらかじめ総務大臣に届け出る.
2　あらかじめ総務大臣の許可を受ける.
3　あらかじめ総務大臣に連絡し，その指示を受ける.
4　適宜変更の工事を行い，工事完了後その旨を総務大臣に届け出る.

問 306

正解 [ ]　完璧 [ ]　直前 CHECK [ ]

　次の記述は，固定局の免許後の変更手続について述べたものである．電波法（第17条）の規定に照らし，□□□内に入れるべき最も適切な字句の組合せを下の1から4までのうちから一つ選べ.

①　免許人は，無線局の目的 (注)，**通信の相手方**，**通信事項**若しくは無線設備の設置場所を変更し，又は**無線設備の変更の工事をしようとするとき**は，あらかじめ□ A □なければならない.

　　注　基幹放送局以外の無線局が基幹放送をすることとする無線局の目的の変更は，これを行うことができない.

②　①の変更は，□ B □ものであってはならず，かつ，工事設計が電波法第3章（無線設備）に定める技術基準に合致するものでなければならない.

③　総務省令で定める軽微な事項について無線設備の変更の工事をしたときは，□ C □ならない.

	A	B	C
1	総務大臣の許可を受け	無線設備の性能を低下させる	変更した内容を無線局事項書の備考欄に記載しなければ
2	総務大臣に届け出	無線設備の性能を低下させる	遅滞なくその旨を総務大臣に届け出なければ
3	総務大臣に届け出	周波数，電波の型式又は空中線電力に変更を来す	変更した内容を無線局事項書の備考欄に記載しなければ
4	総務大臣の許可を受け	周波数，電波の型式又は空中線電力に変更を来す	遅滞なくその旨を総務大臣に届け出なければ

注：**太字**は，ほかの試験問題で穴あきになった用語を示す.

193

次の記述のうち，総務大臣から無線設備の変更の工事の許可を受けた免許人が，許可に係る無線設備を運用するために執らなければならない措置に該当するものはどれか．電波法（第18条）の規定に照らし，下の1から4までのうちから一つ選べ．

1　無線設備の変更の工事を行った後，遅滞なくその工事が終了した旨を総務大臣に届け出ること．

2　無線設備の変更の工事を実施した旨を免許状の余白に記載し，その写しを総務大臣に提出すること．

3　総務省令で定める場合を除き，総務大臣の検査を受け，無線設備の変更の工事の結果が許可の内容に適合していると認められること．

4　登録検査等事業者（注1）又は登録外国点検事業者（注2）の検査を受け，無線設備の変更の工事の結果が電波法第3章（無線設備）に定める技術基準に適合していると認められること．

　　注1　電波法第24条の2（検査等事業者の登録）第1項の登録を受けた者をいう．
　　　2　電波法第24条の13（外国点検事業者の登録等）第1項の登録を受けた者をいう．

解答 問303➡2　問304➡3　問305➡2　問306➡4

問303　（正）免許の有効期間は，**当該周波数の使用が可能**な期間とする．
問304　固定局の免許状に記載される事項は，①免許の年月日及び免許の番号，②免許人の氏名又は名称及び住所，③無線局の種別，④無線局の目的，⑤通信の相手方及び通信事項，⑥無線設備の設置場所，⑦免許の有効期間，⑧識別信号，⑨電波の型式及び周波数，⑩空中線電力，⑪運用許容時間　である．

ミニ解説

問 308　　　　　　　　　　　　　　　正解 □　完璧 □　✐ 直前CHECK □

　次の記述は，無線局の変更検査について述べたものである．電波法（第18条）の規定に照らし，□□内に入れるべき最も適切な字句の組合せを下の1から4までのうちから一つ選べ．

① 　電波法第17条（変更等の許可）第1項の規定により　A　の変更又は無線設備の変更の工事の許可を受けた免許人は，総務大臣の検査を受け，当該変更又は工事の結果が同条同項の許可の内容に適合していると認められた後でなければ，**許可に係る無線設備を**運用してはならない．ただし，総務省令で定める場合は，この限りでない．

② 　①の検査は，①の検査を受けようとする者が，当該検査を受けようとする無線設備について登録検査等事業者(注1)又は登録外国点検事業者(注2)が総務省令で定めるところにより行った当該登録に係る　B　を記載した書類を総務大臣に提出した場合においては，　C　を省略することができる．

　　注1　電波法第24条の2（検査等事業者の登録）第1項の登録を受けた者をいう．
　　　2　電波法第24条の13（外国点検事業者の登録等）第1項の登録を受けた者をいう．

	A	B	C
1	通信の相手方，通信事項若しくは無線設備の設置場所	検査の結果	その一部
2	無線設備の設置場所	検査の結果	当該検査
3	通信の相手方，通信事項若しくは無線設備の設置場所	点検の結果	当該検査
4	無線設備の設置場所	点検の結果	その一部

 無線局の開設の検査や無線設備の変更の検査は，点検によって検査の「その一部を省略」だよ．定期検査では，「その一部を省略」と「省略」があるよ．

注：**太字**は，ほかの試験問題で穴あきになった用語を示す．

▼ 解答

問 309　　　　　　　　　　正解 ⬚　完璧 ⬚　✏ 直前 CHECK ⬚

　次の記述は，無線局の変更検査について述べたものである．電波法（第18条及び第110条）の規定に照らし，□□□内に入れるべき最も適切な字句の組合せを下の1から4までのうちから一つ選べ．

① 　電波法第17条（変更等の許可）第1項の規定により□A□の変更又は無線設備の変更の工事の許可を受けた免許人は，総務大臣の検査を受け，当該変更又は工事の結果が同条同項の許可の内容に適合していると認められた後でなければ，許可に係る無線設備を運用してはならない．ただし，総務省令で定める場合は，この限りでない．

② 　①の規定に違反して無線設備を運用した者は，**1年以下の懲役又は**□B□に処する．

	A	B
1	通信の相手方，通信事項若しくは無線設備の設置場所	50万円以下の罰金
2	通信の相手方，通信事項若しくは無線設備の設置場所	100万円以下の罰金
3	無線設備の設置場所	100万円以下の罰金
4	無線設備の設置場所	50万円以下の罰金

問 310　　　　　　　　　　正解 ⬚　完璧 ⬚　✏ 直前 CHECK ⬚

　次の記述は，申請による周波数等の変更について述べたものである．電波法（第19条）の規定に照らし，□□□内に入れるべき最も適切な字句の組合せを下の1から4までのうちから一つ選べ．

　総務大臣は，免許人又は電波法第8条の予備免許を受けた者が**識別信号**，□A□，周波数，□B□又は運用許容時間の指定の変更を申請した場合において，□C□**その他特に必要がある**と認めるときは，その指定を変更することができる．

	A	B	C
1	無線設備の設置場所	空中線の型式及び構成	混信の除去
2	電波の型式	空中線の型式及び構成	電波の規整
3	電波の型式	空中線電力	混信の除去
4	無線設備の設置場所	空中線電力	電波の規整

注：太字は，ほかの試験問題で穴あきになった用語を示す．

解答 問307→3　問308→4

問題

問 311　　　　　　　　　　　　　　　正解□　完璧□　✏直前CHECK□

次の記述は，無線局に関する情報の提供について述べたものである．電波法（第25条）の規定に照らし，□内に入れるべき最も適切な字句の組合せを下の1から4までのうちから一つ選べ．

① 総務大臣は， A その他総務省令で定める場合に必要とされる B を行おうとする者の求めに応じ，当該調査を行うために必要な限度において，当該者に対し，無線局の無線設備の工事設計その他の無線局に関する事項に係る情報であって総務省令で定めるものを提供することができる．

② ①の規定に基づき情報の提供を受けた者は，当該情報を C ならない．

<table>
<tr><td></td><td>A</td><td>B</td><td>C</td></tr>
<tr><td>1</td><td>自己の無線局の開設又は周波数の変更をする場合</td><td>電波の利用状況調査</td><td>他人に利益を与え，又は他人に損害を加える目的に使用しては</td></tr>
<tr><td>2</td><td>自己の無線局の開設又は周波数の変更をする場合</td><td>混信又は輻輳に関する調査</td><td>①の調査の用に供する目的以外の目的のために利用し，又は提供しては</td></tr>
<tr><td>3</td><td>免許人が電波の能率的な利用に関する調査を行う場合</td><td>電波の利用状況の調査</td><td>①の調査の用に供する目的以外の目的のために利用し，又は提供しては</td></tr>
<tr><td>4</td><td>免許人が電波の能率的な利用に関する調査を行う場合</td><td>混信又は輻輳に関する調査</td><td>他人に利益を与え，又は他人に損害を加える目的に使用しては</td></tr>
</table>

電波法規　無線局

197

問題

問 312

正解 [　] 完璧 [　] 🖊 直前CHECK [　]

通信方式の定義に関する次の記述のうち，電波法施行規則（第2条）の規定に照らし，この規定に定めるところに適合しないものはどれか．下の1から4までのうちから一つ選べ．

1 「単信方式」とは，相対する方向で送信が交互に行われる通信方式をいう．
2 「複信方式」とは，相対する方向で送信が同時に行われる通信方式をいう．
3 「単向通信方式」とは，通信路の一端においては単信方式であり，他の一端においては複信方式である通信方式をいう．
4 「同報通信方式」とは，特定の2以上の受信設備に対し，同時に同一内容の通報の送信のみを行う通信方式をいう．

問 313

正解 [　] 完璧 [　] 🖊 直前CHECK [　]

次の記述は，周波数に関する定義である．電波法施行規則（第2条）の規定に照らし，[　]内に入れるべき最も適切な字句の組合せを下の1から4までのうちから一つ選べ．

① 「割当周波数」とは，無線局に割り当てられた周波数帯の[A]をいう．
② 「特性周波数」とは，与えられた発射において[B]をいう．
③ 「基準周波数」とは，割当周波数に対して，固定し，かつ，特定した位置にある周波数をいう．この場合において，この周波数の割当周波数に対する偏位は，特性周波数が発射によって占有する周波数帯の中央の周波数に対してもつ偏位と同一の[C]及び同一の符号をもつものとする．

	A	B	C
1	中央の周波数	必要周波数帯に隣接する周波数	相対値
2	中央の周波数	容易に識別し，かつ，測定することのできる周波数	絶対値
3	下限の周波数	容易に識別し，かつ，測定することのできる周波数	相対値
4	下限の周波数	必要周波数帯に隣接する周波数	絶対値

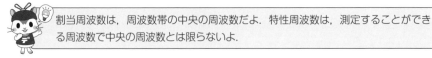
割当周波数は，周波数帯の中央の周波数だよ．特性周波数は，測定することができる周波数で中央の周波数とは限らないよ．

解答 問309→3 問310→3 問311→2

問 314

正解 □ 完璧 □ ✎ 直前 CHECK □

次の記述のうち，「無人方式の無線設備」の定義に該当するものはどれか．電波法施行規則（第2条）の規定に照らし，下の1から4までのうちから一つ選べ．

1 自動的に動作する無線設備であって，通常の状態においては技術操作を直接必要としないものをいう．

2 遠隔地点における測定器の測定結果を，自動的に送信し，又は中継する無人の無線設備をいう．

3 他の無線局が遠隔操作をすることによって動作する無線設備をいう．

4 無線従事者が常駐しない場所に設置されている無線設備をいう．

問 315

正解 □ 完璧 □ ✎ 直前 CHECK □

「無給電中継装置」の定義について，電波法施行規則（第2条）に規定されているものを下の1から4までのうちから一つ選べ．

1 自動的に動作する無線設備であって，通常の状態においては技術操作を直接必要としないものをいう．

2 送信機，受信機その他の電源を必要とする機器を使用しないで電波の伝搬方向を変える中継装置をいう．

3 受信装置のみによって電波の伝搬方向を変える中継装置をいう．

4 電源として太陽電池を使用して自動的に中継する装置をいう．

問 316

正解 □ 完璧 □ ✎ 直前 CHECK □

次の記述は，「混信」の定義について述べたものである．電波法施行規則（第2条）の規定に照らし，□ 内に入れるべき最も適切な字句の組合せを下の1から4までのうちから一つ選べ．

「混信」とは，他の無線局の正常な業務の運行を □ A □ する電波の発射，輻射又は □ B □ をいう．

	A	B
1	妨害	誘導
2	妨害	反射
3	制限	誘導
4	制限	反射

次の記述は，スプリアス発射，帯域外発射等の定義である．電波法施行規則（第2条）の規定に照らし，⬚内に入れるべき最も適切な字句の組合せを下の1から4までのうちから一つ選べ．なお，同じ記号の⬚内には，同じ字句が入るものとする．

① 「スプリアス発射」とは，⬚A⬚外における1又は2以上の周波数の電波の発射であって，そのレベルを情報の伝送に影響を与えないで低減することができるものをいい，高調波発射，低調波発射，寄生発射及び相互変調積を含み，帯域外発射を含まないものとする．

② 「帯域外発射」とは，⬚A⬚に近接する周波数の電波の発射で⬚B⬚において生ずるものをいう．

③ 「不要発射」とは，スプリアス発射及び帯域外発射をいう．

④ 「スプリアス領域」とは，帯域外領域の⬚C⬚のスプリアス発射が支配的な周波数帯をいう．

⑤ 「帯域外領域」とは，⬚A⬚の⬚C⬚の帯域外発射が支配的な周波数帯をいう．

	A	B	C
1	必要周波数帯	送信機の周波数変換の過程	内側
2	必要周波数帯	情報伝送のための変調の過程	外側
3	指定周波数帯	送信機の周波数変換の過程	外側
4	指定周波数帯	情報伝送のための変調の過程	内側

解答 問312→3 問313→2 問314→1 問315→2 問316→1

問312 （正）「単向通信方式」とは，単一の通信の相手方に対し，送信のみを行なう通信方式をいう．

ミニ解説

解答

問 318　　　　　　　　　　正解 □　完璧 □　✎ 直前CHECK □

　次の記述は,「周波数の許容偏差」及び「占有周波数帯幅」の定義を述べたものである. 電波法施行規則 (第2条) の規定に照らし,□□□内に入れるべき最も適切な字句の組合せを下の1から4までのうちから一つ選べ. なお, 同じ記号の□□□内には, 同じ字句が入るものとする.

① 「周波数の許容偏差」とは, 発射によって占有する周波数帯の中央の周波数の割当周波数からの許容することができる最大の偏差又は発射の　A　からの許容することができる最大の偏差をいい, **百万分率又はヘルツ**で表わす.

② 「占有周波数帯幅」とは, その上限の周波数を超えて輻射され, 及びその下限の周波数未満において輻射される平均電力がそれぞれ与えられた発射によって輻射される全平均電力の　B　に等しい上限及び下限の周波数帯幅をいう. ただし, 周波数分割多重方式の場合, テレビジョン伝送の場合等　B　の比率が占有周波数帯幅及び必要周波数帯幅の定義を実際に適用することが困難な場合においては, 異なる比率によることができる.

	A	B
1	特性周波数の基準周波数	0.1 パーセント
2	特性周波数の基準周波数	0.5 パーセント
3	特性周波数の割当周波数	0.1 パーセント
4	特性周波数の割当周波数	0.5 パーセント

問 319　　　　　　　　　　正解 □　完璧 □　✎ 直前CHECK □

　次の記述は,「スプリアス発射」及び「帯域外発射」の定義について述べたものである. 電波法施行規則 (第2条) の規定に照らし,□□□内に入れるべき最も適切な字句の組合せを下の1から4までのうちから一つ選べ. なお, 同じ記号の□□□内には, 同じ字句が入るものとする.

① 「スプリアス発射」とは,　A　外における1又は2以上の周波数の電波の発射であって, そのレベルを情報の伝送に影響を与えないで　B　することができるものをいい,　C　を含み, 帯域外発射を含まないものとする.

② 「帯域外発射」とは,　A　に近接する周波数の電波の発射で情報の伝送のための変調の過程において生ずるものをいう.

	A	B	C
1	送信周波数帯	低減	高調波発射及び低調波発射
2	必要周波数帯	除去	高調波発射及び低調波発射
3	必要周波数帯	低減	高調波発射, 低調波発射, 寄生発射及び相互変調積
4	送信周波数帯	除去	高調波発射, 低調波発射, 寄生発射及び相互変調積

注：**太字**は, ほかの試験問題で穴あきになった用語を示す.

問 320 正解 □ 完璧 □ 直前 CHECK □

空中線電力の定義に関する次の記述のうち，電波法施行規則（第2条）の規定に照らし，この規定に定めるところに適合しないものはどれか．下の1から4までのうちから一つ選べ．

1 「尖頭電力」とは，通常の動作状態において，変調包絡線の最高尖頭における無線周波数1サイクルの間に送信機から空中線系の給電線に供給される平均の電力をいう．

2 「平均電力」とは，通常の動作中の送信機から空中線系の給電線に供給される電力であって，変調において用いられる平均の周波数の周期に比較して十分長い時間（通常，平均の電力が最大である約2分の1秒間）にわたって平均されたものをいう．

3 「搬送波電力」とは，変調のない状態における無線周波数1サイクルの間に送信機から空中線系の給電線に供給される平均の電力をいう．ただし，この定義は，パルス変調の発射には適用しない．

4 「規格電力」とは，終段真空管の使用状態における出力規格の値をいう．

問 321 正解 □ 完璧 □ 直前 CHECK □

次の記述のうち，「実効輻射電力」の定義として電波法施行規則（第2条）の規定に適合するものはどれか．下の1から4までのうちから一つ選べ．

1 「実効輻射電力」とは，空中線に供給される電力に，与えられた方向における空中線の相対利得を乗じたものをいう．

2 「実効輻射電力」とは，空中線に供給される電力に，与えられた方向における空中線の絶対利得を乗じたものをいう．

3 「実効輻射電力」とは，空中線系の給電線に供給される電力に，与えられた方向における空中線の相対利得を乗じたものをいう．

4 「実効輻射電力」とは，空中線系の給電線に供給される電力に，与えられた方向における空中線の絶対利得を乗じたものをいう．

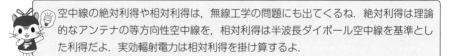

空中線の絶対利得や相対利得は，無線工学の問題にも出てくるね．絶対利得は理論的なアンテナの等方向性空中線を，相対利得は半波長ダイポール空中線を基準とした利得だよ．実効輻射電力は相対利得を掛け算するよ．

問題

問 322 正解 □ 完璧 □ ✎ 直前CHECK □

次の表の各欄の記述は，それぞれ電波の型式の記号表示と主搬送波の変調の型式，主搬送波を変調する信号の性質及び伝送情報の型式に分類して表す電波の型式を示すものである．電波法施行規則（第4条の2）の規定に照らし，各記号とその表す内容が適合していないものはどれか．下の表の1から4までのうちから一つ選べ．

番号	電波の型式の記号	電波の型式		
		主搬送波の変調の型式	主搬送波を変調する信号の性質	伝送情報の型式
1	P0N	パルス変調であって無変調パルス列	変調信号のないもの	無情報
2	G1C	角度変調であって位相変調	デジタル信号である単一チャネルのものであって，変調のための副搬送波を使用するもの	テレビジョン（映像に限る．）
3	F3E	角度変調であって周波数変調	アナログ信号である単一チャネルのもの	電話（音響の放送を含む．）
4	D7D	同時に，又は一定の順序で振幅変調及び角度変調を行うもの	デジタル信号である2以上のチャネルのもの	データ伝送，遠隔測定又は遠隔指令

電波法規　無線設備

203

　次の表の各欄の記述は，それぞれ電波の型式の記号表示と主搬送波の変調の型式，主搬送波を変調する信号の性質及び伝送情報の型式に分類して表す電波の型式を示すものである．電波法施行規則（第4条の2）の規定に照らし，☐☐☐内に入れるべき最も適切な字句の組合せを下の1から4までのうちから一つ選べ．

電波の型式の記号	電波の型式		
	主搬送波の変調の型式	主搬送波を変調する信号の性質	伝送情報の型式
G7D	角度変調であって位相変調	A	データ伝送，遠隔測定又は遠隔指令
F2C	角度変調であって周波数変調	デジタル信号である単一チャネルのものであって，変調のための副搬送波を使用するもの	B
D1E	C	デジタル信号である単一チャネルのものであって，変調のための副搬送波を使用しないもの	電話（音響の放送を含む.）

	A	B	C
1	デジタル信号である2以上のチャネルのもの	テレビジョン（映像に限る.）	振幅変調と角度変調の組合せ
2	アナログ信号である2以上のチャネルのもの	テレビジョン（映像に限る.）	同時に，又は一定の順序で振幅変調及び角度変調を行うもの
3	アナログ信号である2以上のチャネルのもの	ファクシミリ	振幅変調と角度変調の組合せ
4	デジタル信号である2以上のチャネルのもの	ファクシミリ	同時に，又は一定の順序で振幅変調及び角度変調を行うもの

解答 問320➡2　問321➡1　問322➡2

ミニ解説

問320　（正）変調において用いられる**最低**周波数の周期に比較して十分長い時間（通常，平均の電力が最大である約10分の1秒間）にわたって平均されたもの

問322　（正）「G1C」は，角度変調であって位相変調，デジタル信号である単一チャネルのものであって，変調のための副搬送波を**使用しないもの**，**ファクシミリ**

問 324　　　　　　　　　　　　　　　　　正解 [　]　完璧 [　]　直前CHECK [　]

　次の記述は，電波の質について述べたものである．電波法（第 28 条）の規定に照らし，[　]内に入れるべき最も適切な字句の組合せを下の 1 から 4 までのうちから一つ選べ．

　送信設備に使用する電波の [　A　]，[　B　]電波の質は，総務省令で定めるところに適合するものでなければならない．

	A	B
1	周波数の偏差及び幅	高調波の強度等
2	周波数の偏差	高調波の強度等
3	周波数の偏差	空中線電力の偏差等
4	周波数の偏差及び幅	空中線電力の偏差等

問 325　　　　　　　　　　　　　　　　　正解 [　]　完璧 [　]　直前CHECK [　]

　次の記述は，周波数の安定のための条件について述べたものである．無線設備規則（第 15 条）の規定に照らし，[　]内に入れるべき最も適切な字句の組合せを下の 1 から 4 までのうちから一つ選べ．

① 　周波数をその許容偏差内に維持するため，送信装置は，できる限り [　A　]によって発振周波数に影響を与えないものでなければならない．

② 　周波数をその許容偏差内に維持するため，発振回路の方式は，できる限り [　B　]によって影響を受けないものでなければならない．

③ 　移動局（移動するアマチュア局を含む．）の送信装置は，実際上起り得る [　C　]によっても周波数をその許容偏差内に維持するものでなければならない．

	A	B	C
1	外囲の温度又は湿度の変化	電源電圧又は負荷の変化	地面への落下
2	電源電圧又は負荷の変化	外囲の温度又は湿度の変化	振動又は衝撃
3	外囲の温度又は湿度の変化	電源電圧又は負荷の変化	振動又は衝撃
4	電源電圧又は負荷の変化	外囲の温度又は湿度の変化	地面への落下

問 326　正解 ☐　完璧 ☐　✎直前CHECK ☐

　周波数の安定のための条件に関する次の記述のうち，無線設備規則（第15条及び第16条）の規定に照らし，これらの規定に定めるところに適合しないものはどれか．下の1から4までのうちから一つ選べ．

1　周波数をその許容偏差内に維持するため，送信装置は，できる限り電源電圧又は負荷の変化によって発振周波数に影響を与えないものでなければならない．

2　周波数をその許容偏差内に維持するため，発振回路の方式は，できる限り気圧の変化によって影響を受けないものでなければならない．

3　移動局（移動するアマチュア局を含む．）の送信装置は，実際上起り得る振動又は衝撃によっても周波数をその許容偏差内に維持するものでなければならない．

4　水晶発振回路に使用する水晶発振子は，周波数をその許容偏差内に維持するため，発振周波数が当該送信装置の水晶発振回路により又はこれと同一の条件の回路によりあらかじめ試験を行って決定されているものでなければならない．

問 327　正解 ☐　完璧 ☐　✎直前CHECK ☐

　周波数測定装置の備付け等に関する次の記述のうち，電波法（第31条及び第37条）及び電波法施行規則（第11条の3）の規定に照らし，これらの規定に定めるところに適合しないものはどれか．下の1から4までのうちから一つ選べ．

1　空中線電力100ワット以下の送信設備には，電波法第31条に規定する周波数測定装置の備付けを要しない．

2　26.175MHzを超える周波数の電波を利用する送信設備には，電波法第31条に規定する周波数測定装置の備付けを要しない．

3　総務省令で定める送信設備には，その誤差が使用周波数の許容偏差の2分の1以下である周波数測定装置を備え付けなければならない．

4　電波法第31条の規定により備え付けなければならない周波数測定装置は，その型式について，総務大臣の行う検定に合格したものでなければ，施設してはならない．ただし，総務大臣が行う検定に相当する型式検定に合格している機器その他の機器であって総務省令で定めるものを施設する場合は，この限りでない．

解答　問323→4　問324→1　問325→2

問題

問 328

正解 □　完璧 □　直前 CHECK □

次に掲げる無線設備の機器のうち，その型式について，総務大臣の行う検定に合格した
ものでなければ施設してはならない (注) ものに該当するものはどれか．電波法 (第37条)
の規定に照らし，下の1から4までのうちから一つ選べ．

注　ただし，総務大臣が行う検定に相当する型式検定に合格している機器その他の機器であって総務省
　　令で定めるものを施設する場合は，この限りでない．

1　放送の業務の用に供する無線局の無線設備の機器
2　電気通信業務の用に供する無線局の無線設備の機器
3　電波法第31条の規定により備え付けなければならない周波数測定装置
4　人命若しくは財産の保護又は治安の維持の用に供する無線局の無線設備の機器

問 329

正解 □　完璧 □　直前 CHECK □

次に掲げるもののうち，空中線の指向特性として定められていないものはどれか．無線
設備規則 (第22条) の規定に照らし，下の1から4までのうちから一つ選べ．

1　給電線よりの輻射
2　主輻射方向及び副輻射方向
3　垂直面の主輻射の角度の幅
4　空中線を設置する位置の近傍にあるものであって電波の伝わる方向を乱すもの

問 330

正解 □　完璧 □　直前 CHECK □

送信空中線の型式及び構成が適合しなければならない条件に関する次の記述のうち，無
線設備規則 (第20条) の規定に照らし，この規定に定めるところに適合しないものはどれ
か．下の1から4までのうちから一つ選べ．

1　空中線を設置する位置の近傍にあるものであって電波の伝わる方向を乱すものがない
　こと．
2　空中線の利得及び能率がなるべく大であること．
3　満足な指向特性が得られること．
4　整合が十分であること．

問題

問 331 　　　　　　　　　　　　　　正解 ☐ 完璧 ☐ 　直前CHECK ☐

　次の記述は，送信空中線の型式及び構成等について述べたものである．無線設備規則
（第20条及び第22条）の規定に照らし，　☐　内に入れるべき最も適切な字句の組合せを
下の1から4までのうちから一つ選べ．

① 　送信空中線の型式及び構成は，次の (1) から (3) までに適合するものでなければなら
ない．
　(1) 空中線の　A　がなるべく大であること．
　(2) 　B　が十分であること．
　(3) 満足な指向特性が得られること．
② 　空中線の指向特性は，次の (1) から (4) までに掲げる事項によって定める．
　(1) 主輻射方向及び副輻射方向
　(2) 　C　の主輻射の角度の幅
　(3) 空中線を設置する位置の近傍にあるものであって電波の伝わる方向を乱すもの
　(4) **給電線**よりの輻射

	A	B	C
1	利得及び能率	調整	垂直面
2	強度	整合	垂直面
3	利得及び能率	整合	水平面
4	強度	調整	水平面

> 指向特性は，特定の方向へどれだけ強く電波を送受信できるかの性能のことだから，
> 一般に水平の方向だね．規定されているのも水平面だよ．輻射は放射と同じだよ．

注：**太字**は，ほかの試験問題で穴あきになった用語を示す．

解答 問326→2　問327→1　問328→3　問329→3　問330→1

ミニ解説
問326　（正）できる限り**外囲の温度又は湿度の変化**によって影響を受けない
問327　（正）空中線電力10ワット以下の送信設備
問329　（正）**水平面の主輻射の角度の幅**

208

問 332　　　　　　　　　　　　　　　　　　　正解　□　完璧　□　直前CHECK　□

　次の記述は，無線設備の安全施設等について述べたものである．電波法施行規則（第21条の2及び第21条の3）の規定に照らし，□□□内に入れるべき最も適切な字句の組合せを下の1から4までのうちから一つ選べ．

①　無線設備は，破損，発火，発煙等により　A　ことがあってはならない．

②　無線設備には，当該無線設備から発射される電波の強度（注1）が電波法施行規則（別表第2号の3の2（電波の強度の値の表））に定める値を超える場所（注2）に取扱者のほか容易に出入りすることができないように，施設をしなければならない．ただし，次の(1)から(4)までに掲げる無線局の無線設備については，この限りではない．

　　注1　電界強度，磁界強度及び電力束密度をいう．
　　　2　人が通常，集合し，通行し，その他出入りする場所に限る．

(1) 平均電力が　B　以下の無線局の無線設備

(2) 移動する無線局の無線設備

(3) 地震，台風，洪水，津波，雪害，火災，暴動その他非常の事態が発生し，又は発生する虞_{おそれ}がある場合において，　C　の無線設備

(4) (1)から(3)までに掲げるもののほか，この規定を適用することが不合理であるものとして総務大臣が別に告示する無線局の無線設備

	A	B	C
1	その無線設備の機能に障害を生じる	1ワット	臨時に開設する無線局
2	その無線設備の機能に障害を生じる	20ミリワット	非常通信業務のみを行うことを目的として開設する無線局
3	人体に危害を及ぼし，又は物件に損傷を与える	20ミリワット	臨時に開設する無線局
4	人体に危害を及ぼし，又は物件に損傷を与える	1ワット	非常通信業務のみを行うことを目的として開設する無線局

問題

次の記述は，無線設備から発射される電波の強度（電界強度，磁界強度，電力束密度及び磁束密度をいう．）に対する安全施設について述べたものである．電波法施行規則（第21条の3）の規定に照らし，□□内に入れるべき最も適切な字句の組合せを下の1から4までのうちから一つ選べ．

無線設備には，当該無線設備から発射される電波の強度が電波法施行規則別表第2号の3の2（電波の強度の値の表）に定める値を超える□A□に**取扱者**のほか容易に出入りすることができないように，施設をしなければならない．ただし，次の(1)から(4)までに掲げる無線局の無線設備については，この限りではない．

(1) 平均電力が□B□以下の無線局の無線設備

(2) □C□の無線設備

(3) 地震，台風，洪水，津波，雪害，火災，暴動その他非常の事態が発生し，又は発生するおそれがある場合において，臨時に開設する無線局の無線設備

(4) (1)から(3)までに掲げるもののほか，この規定を適用することが不合理であるものとして総務大臣が別に告示する無線局の無線設備

	A	B	C
1	場所（人が通常，集合し，通行し，その他出入りする場所に限る．）	20ミリワット	移動する無線局
2	場所（人が通常，集合し，通行し，その他出入りする場所に限る．）	50ミリワット	移動業務の無線局
3	場所（人が出入りするおそれのあるいかなる場所も含む．）	50ミリワット	移動する無線局
4	場所（人が出入りするおそれのあるいかなる場所も含む．）	20ミリワット	移動業務の無線局

注：太字は，ほかの試験問題で穴あきになった用語を示す．

解答　問331→3　　問332→3

問 334　正解 □　完璧 □　直前CHECK □

　高圧電気 (注) を使用する電動発電機，変圧器，ろ波器，整流器その他の機器が満たすべき安全施設に関する次の記述のうち，電波法施行規則（第 22 条）の規定に照らし，この規定に定めるところに適合するものはどれか．下の 1 から 4 までのうちから一つ選べ．

　　注　高周波若しくは交流の電圧 300 ボルト又は直流の電圧 750 ボルトを超える電気をいう．

1　その高さが人の歩行その他起居する平面から 0.5 メートル以上のものでなければならない．ただし，0.5 メートルに満たない高さの部分が人体に容易に触れない構造である場合は，この限りでない．

2　人の目につく箇所に「高圧注意」の表示をしなければならない．ただし，移動局であって，その移動体の構造上困難であり，かつ，無線従事者以外の者が出入しない場所に装置する場合は，この限りでない．

3　外部より容易に触れることができないように，絶縁遮蔽体又は接地された金属遮蔽体の内に収容しなければならない．ただし，取扱者のほか出入できないように設備した場所に装置する場合は，この限りでない．

4　外部を電気的に完全に絶縁し，かつ，電気設備に関する技術基準を定める省令（昭和 40 年通商産業省令第 61 号）の規定に従って措置しなければならない．ただし，無線従事者のほか容易に出入できないように設備した場所に装置する場合は，この限りでない．

問 335　正解 □　完璧 □　直前CHECK □

　次の記述は，高圧電気に対する安全施設について述べたものである．電波法施行規則（第 22 条）の規定に照らし，□□□内に入れるべき最も適切な字句の組合せを下の 1 から 4 までのうちから一つ選べ．

　高圧電気（高周波若しくは交流の電圧 □A□ 又は直流の電圧 750 ボルトを超える電気をいう．）を使用する電動発電機，変圧器，ろ波器，整流器その他の機器は，外部より容易に触れることができないように，絶縁しゃへい体又は □B□ の内に収容しなければならない．ただし，□C□ のほか出入できないように設備した場所に装置する場合は，この限りでない．

	A	B	C
1	300 ボルト	赤色塗装された金属しゃへい体	無線従事者
2	500 ボルト	赤色塗装された金属しゃへい体	取扱者
3	500 ボルト	接地された金属しゃへい体	無線従事者
4	300 ボルト	接地された金属しゃへい体	取扱者

高圧電気 (注) に対する安全施設に関して述べた次の記述のうち，電波法施行規則 (第 22 条から第 25 条まで) の規定に照らし，これらの規定に適合しないものはどれか．下の 1 から 4 までのうちから一つ選べ．

　注　高周波若しくは交流の電圧 300 ボルト又は直流の電圧 750 ボルトを超える電気をいう．

1　高圧電気を使用する電動発電機，変圧器，ろ波器，整流器その他の機器は，外部より容易に触れることができないように，絶縁遮蔽体又は接地された金属遮蔽体の内に収容しなければならない．ただし，取扱者のほか出入できないように設備した場所に装置する場合は，この限りでない．

2　送信設備の各単位装置相互間をつなぐ電線であって高圧電気を通ずるものは，線溝若しくは丈夫な絶縁体又は接地された金属遮蔽体の内に収容しなければならない．ただし，取扱者のほか出入できないように設備した場所に装置する場合は，この限りでない．

3　送信設備の調整盤又は外箱から露出する電線に高圧電気を通ずる場合においては，その電線が絶縁されているときであっても，電気設備に関する技術基準を定める省令 (昭和 40 年通商産業省令第 61 号) の規定するところに準じて保護しなければならない．

4　送信設備の空中線，給電線又はカウンターポイズであって高圧電気を通ずるものは，その高さが人の歩行その他起居する平面から 2 メートル以上のものでなければならない．ただし，次の (1) 及び (2) の場合は，この限りでない．

(1) 2 メートルに満たない高さの部分が，人体に容易に触れない構造である場合又は人体が容易に触れない位置にある場合

(2) 移動局であって，その移動体の構造上困難であり，かつ，取扱者以外の者が出入しない場所にある場合

> ❗ 選択肢 4 の (2) に規定する移動局は，船舶局などのことだよ．一般に自動車などの陸上移動局では，無線従事者しか出入りしない場所はないし，高圧電気は発生しないよ．

解答 問333→1 問334→3 問335→4

問 337　　　　　　　　　　　　　　　正解 □　完璧 □　✎ 直前 CHECK □

　次の記述は，高圧電気に対する安全施設について述べたものである．電波法施行規則（第22条，第23条及び第25条）の規定に照らし，□□□内に入れるべき最も適切な字句の組合せを下の1から4までのうちから一つ選べ．なお，同じ記号の□□□内には，同じ字句が入るものとする．

① 　高圧電気（高周波若しくは交流の電圧 □A□ 又は直流の電圧750ボルトを超える電気をいう．以下同じ．）を使用する電動発電機，変圧器，ろ波器，整流器その他の機器は，外部より容易に触れることができないように，絶縁しゃへい体又は □B□ の内に収容しなければならない．ただし，取扱者のほか出入できないように設備した場所に装置する場合は，この限りでない．

② 　送信設備の各単位装置相互間をつなぐ電線であって高圧電気を通ずるものは，線溝若しくは丈夫な絶縁体又は □B□ の内に収容しなければならない．ただし，取扱者のほか出入できないように設備した場所に装置する場合は，この限りでない．

③ 　送信設備の空中線，給電線又はカウンターポイズであって高圧電気を通ずるものは，その高さが人の歩行その他起居する平面から □C□ 以上のものでなければならない．ただし，次の(1)及び(2)の場合は，この限りでない．

(1) □C□ に満たない高さの部分が，人体に容易に触れない構造である場合又は人体が容易に触れない位置にある場合

(2) 移動局であって，その移動体の構造上困難であり，かつ，無線従事者以外の者が出入しない場所にある場合

	A	B	C
1	300ボルト	接地された金属しゃへい体	2.5メートル
2	300ボルト	金属しゃへい体	3メートル
3	500ボルト	接地された金属しゃへい体	3メートル
4	500ボルト	金属しゃへい体	2.5メートル

　金属しゃへい体に電気が漏れたとき，接地してないと危ないよね．

電波法規　無線設備

問 338　　　　　　　　　　　　正解 □　完璧 □　✐直前CHECK □

　次の記述は，高圧電気に対する安全施設について述べたものである．電波法施行規則（第25条）の規定に照らし，□内に入れるべき最も適切な字句の組合せを下の1から4までのうちから一つ選べ．なお，同じ記号の□内には，同じ字句が入るものとする．

　送信設備の空中線，給電線又はカウンターポイズであって高圧電気（高周波若しくは交流の電圧 **300 ボルト** 又は直流の電圧 A を超える電気をいう．）を通ずるものは，その高さが人の歩行その他起居する平面から B 以上のものでなければならない．ただし，次に掲げる場合は，この限りでない．

(1) B に満たない高さの部分が，人体に容易に触れない構造である場合又は人体が容易に触れない位置にある場合

(2) 移動局であって，その移動体の構造上困難であり，かつ， C 以外の者が出入しない場所にある場合

	A	B	C
1	500 ボルト	2.5 メートル	取扱者
2	500 ボルト	3 メートル	無線従事者
3	750 ボルト	2.5 メートル	無線従事者
4	750 ボルト	3 メートル	取扱者

> 高周波は危険だから 300〔V〕で，直流は 750〔V〕なんだね．

注：**太字**は，ほかの試験問題で穴あきになった用語を示す．

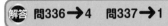

解答 問336→4　問337→1

問336　（正）起居する平面から 2.5 メートル以上…（正）2.5 メートルに満たない高さ…（正）かつ，**無線従事者**以外の者が出入しない

問題

問 339

正解 ☐　完璧 ☐　直前CHECK ☐

次の記述は，空中線等の保安施設について述べたものである．電波法施行規則（第26条）の規定に照らし，☐☐内に入れるべき最も適切な字句の組み合わせを下の1から4までのうちから一つ選べ.

無線設備の空中線系には　A　を，また，カウンターポイズには接地装置をそれぞれ設けなければならない．ただし，　B　を超える周波数を使用する無線局の無線設備及び　C　の無線設備の空中線については，この限りでない.

	A	B	C
1	落下防止の措置	54 MHz	陸上移動局又は携帯局
2	落下防止の措置	26.175 MHz	移動する無線局であって，その構造上接地装置を設けることが困難である無線局
3	避雷器又は接地装置	26.175 MHz	陸上移動局又は携帯局
4	避雷器又は接地装置	54 MHz	移動する無線局であって，その構造上接地装置を設けることが困難である無線局

問 340

正解 ☐　完璧 ☐　直前CHECK ☐

次の記述は，送信設備に使用する電波の質，受信設備の条件及び安全施設について述べたものである．電波法（第28条から第30条まで）の規定に照らし，☐☐内に入れるべき最も適切な字句の組合せを下の1から4までのうちから一つ選べ.

① 送信設備に使用する電波の**周波数の偏差及び幅**，　A　等電波の質は，総務省令で定めるところに適合するものでなければならない.

② 受信設備は，その副次的に発する電波又は高周波電流が，総務省令で定める限度を超えて　B　に支障を与えるものであってはならない.

③ 無線設備には，**人体に危害を及ぼし，又は**　C　ことがないように，総務省令で定める施設をしなければならない.

	A	B	C
1	高調波の強度	他の無線設備の機能	物件に損傷を与える
2	空中線電力の偏差	他の無線設備の機能	他の電気的設備の機能に障害を及ぼす
3	空中線電力の偏差	重要無線通信の運用	物件に損傷を与える
4	高調波の強度	重要無線通信の運用	他の電気的設備の機能に障害を及ぼす

注：**太字**は，ほかの試験問題で穴あきになった用語を示す.

問 341　　　　　　　　　　　　正解 □　完璧 □　🖊 直前 CHECK □

　次の記述は，受信設備の条件について述べたものである．電波法（第29条）及び無線設備規則（第24条）の規定に照らし，□内に入れるべき最も適切な字句の組合せを下の1から4までのうちから一つ選べ．なお，同じ記号の□内には，同じ字句が入るものとする．

① 　受信設備は，その副次的に発する**電波又は高周波電流**が，総務省令で定める限度を超えて　A　の**機能に支障**を与えるものであってはならない．

② 　①に規定する副次的に発する電波が　A　の**機能に支障**を与えない限度は，受信空中線と　B　の等しい擬似空中線回路を使用して測定した場合に，その回路の電力が　C　以下でなければならない．

③ 　無線設備規則第24条（副次的に発する電波等の限度）第2項以下の規定において，別段の定めがあるものは②にかかわらず，その定めるところによるものとする．

	A	B	C
1	他の無線設備	利得及び能率	4ミリワット
2	他の無線設備	電気的常数	4ナノワット
3	重要無線通信に使用する無線設備	電気的常数	4ミリワット
4	重要無線通信に使用する無線設備	利得及び能率	4ナノワット

> 🐿💡 受信設備から漏れる電波だからすごく弱い電力だよ．4[mW]は 4×10^{-3}[W]のことで，ごく近距離の通信に用いられる送信設備の電力くらいだよ．4[nW]は 4×10^{-9} [W]のことだからすごく弱いね．

注：太字は，ほかの試験問題で穴あきになった用語を示す．

解答 問338→3　問339→3　問340→1

次の記述は，人工衛星局の条件について述べたものである．電波法（第36条の2）及び電波法施行規則（第32条の5）の規定に照らし，☐☐☐内に入れるべき最も適切な字句の組合せを下の1から4までのうちから一つ選べ．

① 人工衛星局の無線設備は，遠隔操作により ☐ A ☐ することのできるものでなければならない．

② 人工衛星局は，その ☐ B ☐ を遠隔操作により変更することができるものでなければならない．ただし，総務省令で定める人工衛星局については，この限りでない．

③ ②の総務省令で定める人工衛星局は，対地静止衛星に開設する ☐ C ☐ とする．

	A	B	C
1	電波の発射を直ちに停止	発射する電波の周波数	人工衛星局
2	空中線電力を直ちに低下	無線設備の設置場所	人工衛星局
3	空中線電力を直ちに低下	発射する電波の周波数	人工衛星局以外の人工衛星局
4	電波の発射を直ちに停止	無線設備の設置場所	人工衛星局以外の人工衛星局

電波法規　無線設備

217

問 343　正解 ☐　完璧 ☐　✏ 直前CHECK ☐

次の記述のうち，無線局（アマチュア無線局を除く.）の主任無線従事者の意義に該当するものはどれか．電波法（第39条）の規定に照らし，下の1から4までのうちから一つ選べ.

1　同一免許人に属する無線局の無線設備の操作を行う者のうち，免許人からその責任者として命ぜられた者をいう.
2　2以上の無線局が機能上一体となって通信系を構成する場合に，それらの無線設備を管理する者をいう.
3　無線局の管理を免許人から命ぜられ，その旨を総務大臣に届け出た者をいう.
4　無線局の無線設備の操作の監督を行う者をいう.

問 344　正解 ☐　完璧 ☐　✏ 直前CHECK ☐

主任無線従事者に関する次の記述のうち，電波法（第39条）の規定に照らし，この規定に定めるところに適合しないものはどれか．下の1から4までのうちから一つ選べ.

1　主任無線従事者は，電波法第40条（無線従事者の資格）の定めるところにより，無線設備の操作の監督を行うことができる無線従事者であって，総務省令で定める事由に該当しないものでなければならない.
2　無線局（登録局を除く．以下同じ.）の免許人は，主任無線従事者を選任しようとするときは，あらかじめ，その旨を総務大臣に届け出なければならない．これを解任しようとするときも，同様とする.
3　無線局の免許人によりその選任の届出がされた主任無線従事者は，無線設備の操作の監督に関し総務省令で定める職務を誠実に行わなければならない.
4　無線局の免許人によりその選任の届出がされた主任無線従事者の監督の下に無線設備の操作に従事する者は，当該主任無線従事者が総務省令で定める職務を行うため必要であると認めてする指示に従わなければならない.

解答 問341→2　問342→4

問題

問 345　正解 □　完璧 □　✎ 直前CHECK □

次の記述は，主任無線従事者の非適格事由について述べたものである．電波法（第39条）及び電波法施行規則（第34条の3）の規定に照らし，□□□内に入れるべき最も適切な字句の組合せを下の1から4までのうちから一つ選べ．なお，同じ記号の□□□内には，同じ字句が入るものとする．

① 　主任無線従事者は，電波法第40条（無線従事者の資格）の定めるところにより，無線設備の操作の　A　を行うことができる無線従事者であって，総務省令で定める事由に該当しないものでなければならない．

② 　①の総務省令で定める事由は，次のとおりとする．

(1) 電波法第9章（罰則）の罪を犯し罰金以上の刑に処せられ，その執行を終わり，又はその執行を受けることがなくなった日から　B　を経過しない者であること．

(2) 電波法第79条（無線従事者の免許の取消し等）第1項第1号の規定により　C　，その処分の期間が終了した日から　D　を経過していない者であること．

(3) 主任無線従事者として選任される日以前5年間において無線局（無線従事者の選任を要する無線局でアマチュア局以外のものに限る．）の無線設備の操作又はその　A　の業務に従事した期間が　D　に満たない者であること．

	A	B	C	D
1	監督	2年	業務に従事することを停止され	3箇月
2	監督	1年	無線設備の操作の範囲を制限され	6箇月
3	指示	2年	無線設備の操作の範囲を制限され	3箇月
4	指示	1年	業務に従事することを停止され	6箇月

電波法規　無線従事者

問 346 　　　　　　　　　　　　　正解 □　完璧 □　🖉 直前 CHECK □

　次の記述は，固定局に選任する主任無線従事者について述べたものである．電波法（第39条）及び電波法施行規則（第34条の3）の規定に照らし，これらの規定に定めるところに適合しないものを下の1から4までのうちから一つ選べ．

1　主任無線従事者は，無線局の無線設備の操作の監督を行うことができる無線従事者であって，主任無線従事者として選任される日以前3年間において無線局の無線設備の操作又はその監督の業務に従事した期間が6箇月以上でなければならない．

2　無線局の免許人は，主任無線従事者を選任したときは，遅滞なく，その旨を総務大臣に届け出なければならない．これを解任したときも，同様とする．

3　総務大臣に選任の届出がされた主任無線従事者の監督の下に無線設備の操作に従事する者は，当該主任無線従事者が無線設備の操作の監督に関し総務省令で定める職務を行うため必要であると認めてする指示に従わなければならない．

4　無線局の免許人は，電波法第39条（無線設備の操作）第4項の規定によりその選任の届出をした主任無線従事者に，総務省令で定める期間ごとに，無線設備の操作の監督に関し総務大臣の行う講習を受けさせなければならない．

解答　問343→4　問344→2　問345→1

ミニ解説　　問344　（正）主任無線従事者を**選任したときは**，遅滞なく，その旨を総務大臣に届け出なければならない．これを**解任したときも**，同様とする．

問 347　　　　　　　　　　　　　　　正解 ☐　完璧 ☐　直前 CHECK ☐

　次の記述は，無線局（登録局を除く．）に選任された主任無線従事者の職務について述べ
たものである．電波法（第39条）及び電波法施行規則（第34条の5）の規定に照らし，
☐内に入れるべき最も適切な字句の組合せを下の1から4までのうちから一つ選べ．
なお，同じ記号の☐内には，同じ字句が入るものとする．

①　電波法第39条（無線設備の操作）第4項の規定によりその選任の届出がされた主任無
　　線従事者は，　A　に関し総務省令で定める職務を誠実に行わなければならない．
②　①の総務省令で定める職務は，次のとおりとする．
　　(1) 主任無線従事者の監督を受けて無線設備の操作を行う者に対する訓練（実習を含む．）
　　　　の計画を立案し，実施すること．
　　(2)　B　を行い，又はその監督を行うこと．
　　(3) 無線業務日誌その他の書類を作成し，又はその作成を監督すること（記載された事項
　　　　に関し必要な措置を執ることを　含む．）．
　　(4) 主任無線従事者の職務を遂行するために必要な事項に関し　C　に対して意見を述
　　　　べること．
　　(5) その他無線局の　A　に関し必要と認められる事項

	A	B	C
1	無線設備の管理	電波法に規定する申請又は届出	免許人
2	無線設備の操作の監督	無線設備の機器の点検若しくは保守	免許人
3	無線設備の管理	無線設備の機器の点検若しくは保守	総務大臣
4	無線設備の操作の監督	電波法に規定する申請又は届出	総務大臣

電波法規　無線従事者

問 348　　　正解 □　完璧 □　直前CHECK □

　無線局（登録局を除く.）に選任された主任無線従事者の職務に関する次の記述のうち，電波法施行規則（第34条の5）の規定に照らし，この規定に定めるところに該当しないものはどれか. 下の1から4までのうちから一つ選べ.

1　電波法に規定する申請又は届出を行うこと.

2　無線設備の機器の点検若しくは保守を行い，又はその監督を行うこと.

3　主任無線従事者の職務を遂行するために必要な事項に関し免許人に対して意見を述べること.

4　主任無線従事者の監督を受けて無線設備の操作を行う者に対する訓練（実習を含む.）の計画を立案し，実施すること.

問 349　　　正解 □　完璧 □　直前CHECK □

　次の記述は，主任無線従事者の講習の期間について述べたものである. 電波法施行規則（第34条の7）の規定に照らし，□□内に入れるべき最も適切な字句の組合せを下の1から4までのうちから一つ選べ.

①　無線局（総務省令で定める無線局及び登録局を除く.）の免許人は，主任無線従事者を□A□無線設備の□B□に関し総務大臣の行う講習を受けさせなければならない.

②　免許人は，①の講習を受けた主任無線従事者にその講習を受けた日から□C□に講習を受けさせなければならない. 当該講習を受けた日以降についても同様とする.

	A	B	C
1	選任したときは，当該主任無線従事者に選任の日から6箇月以内に	操作及び運用	3年以内
2	選任するときは，あらかじめ	操作の監督	3年以内
3	選任するときは，あらかじめ	操作及び運用	5年以内
4	選任したときは，当該主任無線従事者に選任の日から6箇月以内に	操作の監督	5年以内

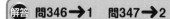

解答 問346→1　問347→2

　問346　（正）選任される日以前5年間において… （正）従事した期間が3箇月以上

問 350　　　　　　　　　　　正解 □　完璧 □　直前 CHECK □

　次の記述は，第一級陸上特殊無線技士の資格を有する者が行うことができる無線設備の操作の範囲について述べたものである．電波法施行令（第3条）の規定に照らし，□□内に入れるべき最も適切な字句の組合せを下の1から4までのうちから一つ選べ．

① 陸上の無線局の空中線電力 □A□ 以下の多重無線設備（多重通信を行うことができる無線設備でテレビジョンとして使用するものを含む．）で □B□ 以上の周波数の電波を使用するものの □C□

② ①に掲げる操作以外の操作で第二級陸上特殊無線技士の操作の範囲に属するもの

	A	B	C
1	750 ワット	70 メガヘルツ	技術操作
2	750 ワット	30 メガヘルツ	通信操作
3	500 ワット	30 メガヘルツ	技術操作
4	500 ワット	70 メガヘルツ	通信操作

問 351　　　　　　　　　　　正解 □　完璧 □　直前 CHECK □

　第一級陸上特殊無線技士の資格を有する者が行うことができる無線設備の操作に関する次の記述のうち，電波法施行令（第3条）の規定に照らし，この規定に定めるところに適合するものはどれか．下の1から4までのうちから一つ選べ．

1 超短波放送を行う基幹放送局の空中線電力 500 ワット以下の無線設備の技術操作
2 陸上の無線局の空中線電力 250 ワット以下の無線設備で 30 MHz 以下の周波数の電波を使用するものの技術操作
3 陸上の無線局の空中線電力 500 ワット以下の多重無線設備（多重通信を行うことができる無線設備でテレビジョンとして使用するものを含む．）で 30 MHz 以上の周波数の電波を使用するものの技術操作
4 陸上の無線局の空中線電力 1 キロワット以下の多重無線設備（多重通信を行うことができる無線設備でテレビジョンとして使用するものを含む．）で 25,010 kHz 以上の周波数の電波を使用するものの技術操作

 陸上の無線局は，陸上にある無線局のことだけど，海上や航空関係の無線局と基幹放送局は除かれるよ．

223

問 352　　正解 □　完璧 □　🖊 直前CHECK □

　次の記述は，無線従事者の免許の取消し等について述べたものである．電波法（第 42 条及び第 79 条）及び無線従事者規則（第 51 条）の規定に照らし，□□□内に入れるべき最も適切な字句の組合せを下の 1 から 4 までのうちから一つ選べ．

① 　総務大臣は，無線従事者が電波法若しくは電波法に基づく命令又はこれらに基づく処分に違反したときは，無線従事者の免許を取り消し，又は 3 箇月以内の期間を定めて□ A □することができる．

② 　無線従事者は，①の規定により無線従事者の免許の取消しの処分を受けたときは，その処分を受けた日から□ B □以内にその免許証を総務大臣又は総合通信局長（沖縄総合通信事務所長を含む．）に返納しなければならない．

③ 　総務大臣は，①の規定により無線従事者の免許を取り消され，取消しの日から□ C □を経過しない者に対しては，無線従事者の免許を与えないことができる．

	A	B	C
1	その業務に従事することを停止	1 箇月	5 年
2	無線設備の操作の範囲を制限	1 箇月	2 年
3	その業務に従事することを停止	10 日	2 年
4	無線設備の操作の範囲を制限	10 日	5 年

問 353　　正解 □　完璧 □　🖊 直前CHECK □

　無線従事者の免許が与えられないことがある者に関する次の記述のうち，電波法（第 42 条）の規定に照らし，この規定に定めるところに適合しないものはどれか．下の 1 から 4 までのうちから一つ選べ．

1 　日本の国籍を有しなくなった者
2 　電波法第 9 章（罰則）の罪を犯し罰金以上の刑に処せられ，その執行を終わり，又はその執行を受けることがなくなった日から 2 年を経過しない者
3 　不正な手段により免許を受けて電波法第 79 条（無線従事者の免許の取消し等）の規定により，無線従事者の免許を取り消され，取消しの日から 2 年を経過しない者
4 　電波法若しくは電波法に基づく命令又はこれらに基づく処分に違反して電波法第 79 条（無線従事者の免許の取消し等）の規定により，無線従事者の免許を取り消され，取消しの日から 2 年を経過しない者

解答　問348→1　問349→4　問350→3　問351→3

問 354

正解 ☐ 完璧 ☐ 直前CHECK ☐

次に掲げる者のうち，電波法（第42条）の規定に照らし，無線従事者の免許が与えられないことがあるものに該当しないものはどれか．下の1から4までのうちから一つ選べ．

1 電波法又は電波法に基づく命令に違反して電波法第79条（無線従事者の免許の取消し等）の規定により，無線従事者の免許を取り消され，取消しの日から3年を経過しない者
2 電波法第9章（罰則）の罪を犯し罰金以上の刑に処せられ，その執行を終わり，又はその執行を受けることがなくなった日から2年を経過しない者
3 不正な手段により免許を受けて電波法第79条（無線従事者の免許の取消し等）の規定により，無線従事者の免許を取り消され，取消しの日から2年を経過しない者
4 著しく心身に欠陥があって無線従事者たるに適しない者

問 355

正解 ☐ 完璧 ☐ 直前CHECK ☐

次の記述は，無線従事者の免許証の返納について述べたものである．無線従事者規則（第51条）の規定に照らし，☐☐内に入れるべき最も適切な字句の組合せを下の1から4までのうちから一つ選べ．

① 無線従事者は，免許の取消しの処分を受けたときは，その処分を受けた日から ☐ A ☐ その免許証を総務大臣又は総合通信局長（沖縄総合通信事務所長を含む．以下同じ．）に返納しなければならない．免許証の再交付を受けた後**失った免許証を発見した**ときも同様とする．
② 無線従事者が死亡し，又は失そうの宣告を受けたときは，戸籍法による死亡又は失そう宣告の届出義務者は，☐ B ☐，その免許証を総務大臣又は総合通信局長に返納しなければならない．

	A	B
1	1箇月以内に	1箇月以内に
2	10日以内に	遅滞なく
3	10日以内に	1箇月以内に
4	1箇月以内に	遅滞なく

注：**太字**は，ほかの試験問題で穴あきになった用語を示す．

　次の記述は，無線従事者の免許証について述べたものである．電波法施行規則（第38条）及び無線従事者規則（第50条及び第51条）の規定に照らし，□□□内に入れるべき最も適切な字句の組合せを下の1から4までのうちから一つ選べ．なお，同じ記号の□□□内には，同じ字句が入るものとする．

① 無線従事者は，その業務に従事しているときは，免許証を □ A □ していなければならない．

② 無線従事者は，□ B □ に変更を生じたとき又は免許証を**汚し，破り，若しくは失った**ために免許証の再交付を受けようとするときは，申請書に次の (1) から (3) までに掲げる書類を添えて総務大臣又は総合通信局長（沖縄総合通信事務所長を含む．以下同じ．）に提出しなければならない．

　(1) 免許証（免許証を失った場合を除く．）　　　(2) **写真1枚**

　(3) □ B □ の変更の事実を証する書類（□ B □ に変更を生じたときに限る．）

③ 無線従事者は，免許の取消しの処分を受けたときは，その処分を受けた日から □ C □ にその免許証を総務大臣又は総合通信局長に返納しなければならない．免許証の再交付を受けた後失った免許証を発見したときも同様とする．

	A	B	C
1	携帯	氏名	10日以内
2	無線局に保管	氏名	1箇月以内
3	携帯	氏名又は住所	1箇月以内
4	無線局に保管	氏名又は住所	10日以内

注意　無線従事者免許証を返す期限は，「10日以内」と「遅滞なく」があるよ．

注：**太字**は，ほかの試験問題で穴あきになった用語を示す．

解答　問352→3　問353→1　問354→1　問355→2

ミニ解説　問354　（正）取消しの日から**2年**を経過しない者

問題

問 357 　正解 □ 完璧 □ 直前CHECK □

　無線従事者の免許等に関する次の記述のうち，電波法（第41条），電波法施行規則（第38条）及び無線従事者規則（第50条及び第51条）の規定に照らし，これらの規定に定めるところに適合しないものはどれか．下の1から4までのうちから一つ選べ．

1　無線従事者になろうとする者は，総務大臣の免許を受けなければならない．

2　無線従事者は，その業務に従事しているときは，免許証を携帯していなければならない．

3　無線従事者は，免許証を失ったために免許証の再交付を受けようとするときは，無線従事者免許証再交付申請書に写真1枚を添えて総務大臣又は総合通信局長（沖縄総合通信事務所長を含む．）に提出しなければならない．

4　無線従事者は，免許証を失ったために免許証の再交付を受けた後失った免許証を発見したときは，発見した日から1箇月以内に発見した免許証を総務大臣又は総合通信局長（沖縄総合通信事務所長を含む．）に返納しなければならない．

問 358 　正解 □ 完璧 □ 直前CHECK □

　無線従事者の免許証に関する次の記述のうち，電波法施行規則（第38条）及び無線従事者規則（第50条及び第51条）の規定に照らし，これらの規定に定めるところに適合しないものはどれか．下の1から4までのうちから一つ選べ．

1　無線従事者は，氏名に変更を生じたときに免許証の再交付を受けようとするときは，無線従事者免許証再交付申請書に免許証，写真1枚及び氏名の変更の事実を証する書類を添えて総務大臣又は総合通信局長（沖縄総合通信事務所長を含む．）に提出しなければならない．

2　無線従事者は，免許証を失ったために免許証の再交付を受けた後失った免許証を発見したときは，1箇月以内に再交付を受けた免許証を総務大臣又は総合通信局長（沖縄総合通信事務所長を含む．）に返納しなければならない．

3　無線従事者は，免許の取消しの処分を受けたときは，その処分を受けた日から10日以内にその免許証を総務大臣又は総合通信局長（沖縄総合通信事務所長を含む．）に返納しなければならない．

4　無線従事者は，その業務に従事しているときは，免許証を携帯していなければならない．

電波法規　無線従事者

　次の記述は，非常通信について述べたものである．電波法（第52条）の規定に照らし，□□内に入れるべき最も適切な字句の組合せを下の1から4までのうちから一つ選べ．

　非常通信とは，地震，台風，洪水，津波，雪害，火災，暴動その他非常の事態が**発生し，又は発生するおそれがある場合**において，　A　を　B　に人命の救助，**災害の救援**，　C　の確保又は**秩序の維持**のために行われる無線通信をいう．

	A	B	C
1	有線通信	利用することができないか又はこれを利用することが著しく困難であるとき	交通通信
2	電気通信業務の通信	利用することができないとき	交通通信
3	有線通信	利用することができないとき	電力の供給
4	電気通信業務の通信	利用することができないか又はこれを利用することが著しく困難であるとき	電力の供給

> 電気通信業務は固定電話やインターネット通信などの公衆通信業務のことだよ．有線通信だと道路や鉄道の緊急電話も含まれるね．
> この問題は，いろいろな用語が穴あきとして出題されているので，太字やそれ以外の用語も正確に覚えてね．

注：太字は，ほかの試験問題で穴あきになった用語を示す．

解答 問356→1　問357→4　問358→2

ミニ解説 問357　（正）発見した日から10日以内に
問358　（正）失った免許証を発見したときは，10日以内にその免許証を

問題

　次の記述のうち，電波法に規定する非常通信の意義に該当するものはどれか．電波法（第52条）の規定に照らし，下の1から4までのうちから一つ選べ．

1　地震，台風，洪水，津波，雪害，火災，暴動その他非常の事態が発生し，又は発生するおそれがある場合において，有線通信を利用することができないか又はこれを利用することが著しく困難であるときに人命の救助，災害の救援，交通通信の確保又は秩序の維持のために行われる無線通信をいう．

2　地震，台風，洪水，津波，雪害，火災，暴動その他非常の事態が発生した場合において，電気通信業務の通信を利用することができないときに人命の救助，災害の救援，交通通信の確保又は秩序の維持のために行われる無線通信をいう．

3　地震，台風，洪水，津波，雪害，火災，暴動その他非常の事態が発生した場合において，有線通信を利用することができないときに人命の救助，災害の救援，交通通信の確保又は秩序の維持のために行われる無線通信をいう．

4　地震，台風，洪水，津波，雪害，火災，暴動その他非常の事態が発生し，又は発生するおそれがある場合において，人命の救助，災害の救援，交通通信の確保又は秩序の維持のために行われる無線通信をいう．

電波法規　無線局の運用

　固定局（電気通信業務の通信を行う無線局を除く．）がその免許状に記載された目的の範囲を超えて運用することができるものに関する次の記述のうち，電波法施行規則（第37条）の規定に照らし，この規定に定めるところに適合しないものはどれか．下の1から4までのうちから一つ選べ．

1　電波の規正に関する通信

2　免許人以外の者のために行う通信

3　無線機器の試験又は調整をするために行う通信

4　電波法第74条（非常の場合の無線通信）第1項に規定する通信の訓練のために行う通信

問 362 　　　　　　　　　　　正解 ☐　完璧 ☐　🖊 直前 CHECK ☐

　次の記述は，無線局（登録局を除く.）の目的外使用の禁止等について述べたものである．電波法（第52条から第55条まで）の規定に照らし，　　☐　　内に入れるべき最も適切な字句の組合せを下の1から4までのうちから一つ選べ.

① 　無線局は，免許状に記載された目的又は　A　の範囲を超えて運用してはならない．ただし，次の(1)から(6)までに掲げる通信については，この限りでない.
(1) 遭難通信　　　(2) 緊急通信　　　(3) 安全通信　　　(4) 非常通信　　　(5) 放送の受信
(6) その他総務省令で定める通信

② 　無線局を運用する場合においては，　B　，**識別信号，電波の型式及び周波数**は，その無線局の免許状に記載されたところによらなければならない．ただし，遭難通信については，この限りでない.

③ 　無線局を運用する場合においては，空中線電力は，次の(1)及び(2)に定めるところによらなければならない．ただし，遭難通信については，この限りでない.
(1) 免許状に記載されたものの範囲内であること.
(2) 通信を行うため**必要最小のもの**であること.

④ 　無線局は，免許状に記載された運用許容時間内でなければ，運用してはならない．ただし，①の　C　に掲げる通信を行う場合及び総務省令で定める場合は，この限りでない.

	A	B	C
1	通信事項	無線設備	(1)から(6)まで
2	通信事項	無線設備の設置場所	(1)から(4)まで
3	通信の相手方若しくは通信事項	無線設備	(1)から(4)まで
4	通信の相手方若しくは通信事項	無線設備の設置場所	(1)から(6)まで

無線設備は免許状の記載事項じゃないよ.

注：**太字**は，ほかの試験問題で穴あきになった用語を示す.

解答 問359➡1　問360➡1　問361➡2

問題

問 363 正解 ☐ 完璧 ☐ ✎ 直前CHECK ☐

　次の記述は，無線局の運用について述べたものである．電波法（第52条，第53条及び第110条）の規定に照らし，☐☐内に入れるべき最も適切な字句の組合せを下の1から4までのうちから一つ選べ．

①　無線局は，免許状に記載された☐ A ☐の範囲を超えて運用してはならない．ただし，遭難通信，緊急通信，安全通信，非常通信，放送の受信その他総務省令で定める通信については，この限りでない．

②　無線局を運用する場合においては，**無線設備の設置場所**，**識別信号**，☐ B ☐は，免許状等 (注) に記載されたところによらなければならない．ただし，**遭難通信**については，この限りでない．

　　注　免許状又は登録状をいう．

③　①又は②の規定に違反して無線局を運用した者は，☐ C ☐に処する．

	A	B	C
1	目的又は通信の相手方若しくは通信事項	電波の型式，周波数及び運用許容時間	2年以下の懲役又は100万円以下の罰金
2	目的又は通信の相手方若しくは通信事項	電波の型式及び周波数	1年以下の懲役又は100万円以下の罰金
3	空中線電力	電波の型式，周波数及び運用許容時間	1年以下の懲役又は100万円以下の罰金
4	空中線電力	電波の型式及び周波数	2年以下の懲役又は100万円以下の罰金

> 運用に関する違反や不法開設などの罰則は1年又は100万円だよ．
> 秘密の保護に関する違反の場合は，1年又は50万円か，2年又は100万円だよ．

電波法規　無線局の運用

注：**太字**は，ほかの試験問題で穴あきになった用語を示す．

231

問題

次の記述は，無線局（登録局を除く．）の免許状の記載事項の遵守について述べたものである．電波法（第54条及び第110条）の規定に照らし，☐☐☐内に入れるべき最も適切な字句の組合せを下の1から4までのうちから一つ選べ．

① 無線局を運用する場合においては，空中線電力は，次の (1) 及び (2) に定めるところによらなければならない．ただし，**遭難通信**については，この限りでない．

(1) 免許状に ☐ A ☐ であること．

(2) 通信を行うため ☐ B ☐ であること．

② ☐ C ☐ に違反して無線局を運用した者は，1年以下の懲役又は100万円以下の罰金に処する．

	A	B	C
1	記載されたもの	必要かつ十分なもの	①の(1)の規定
2	記載されたもの	必要最小のもの	①の規定
3	記載されたものの範囲内	必要かつ十分なもの	①の規定
4	記載されたものの範囲内	必要最小のもの	①の(1)の規定

> 混信しないように，空中線電力は必要最小だね．

注：**太字**は，ほかの試験問題で穴あきになった用語を示す．

解答　問362→4　問363→2

問題

問 365　　　　　　　正解 ☐　完璧 ☐　　直前 CHECK ☐

　無線局の運用に関する次の記述のうち，電波法（第52条から第55条まで）の規定に照らし，これらの規定に定めるところに適合しないものはどれか．下の1から4までのうちから一つ選べ．

1　無線局を運用する場合においては，空中線電力は，免許状に記載されたところによらなければならない．ただし，遭難通信，緊急通信，安全通信及び非常通信については，この限りでない．

2　無線局は，免許状に記載された目的又は通信の相手方若しくは通信事項の範囲を超えて運用してはならない．ただし，次に掲げる通信については，この限りでない．
　(1) 遭難通信　　　　(2) 緊急通信　　　(3) 安全通信　　　(4) 非常通信
　(5) 放送の受信　　　(6) その他総務省令で定める通信

3　無線局を運用する場合においては，無線設備の設置場所，識別信号，電波の型式及び周波数は，その無線局の免許状に記載されたところによらなければならない．ただし，遭難通信については，この限りでない．

4　無線局は，免許状に記載された運用許容時間内でなければ，運用してはならない．ただし，遭難通信，緊急通信，安全通信，非常通信，放送の受信その他総務省令で定める通信を行う場合及び総務省令で定める場合は，この限りでない．

　空中線電力は，免許状に記載されたものの範囲内で，必要最小だよ，遭難通信のときのみ超えてもいいよ．

問 366　　　　　　　　　　　正解 □　完璧 □　✏ 直前CHECK □

次の記述は，混信等の防止について述べたものである．電波法（第56条）及び電波法施行規則（第50条の2）の規定に照らし，□□□内に入れるべき最も適切な字句の組合せを下の1から4までのうちから一つ選べ．

①　無線局は，□ A □又は電波天文業務 (注) の用に供する受信設備その他の総務省令で定める受信設備（無線局のものを除く．）で総務大臣が指定するものにその□ B □**その他の妨害を与えないように運用しなければならない**．ただし，**遭難通信，緊急通信，安全通信又は非常通信**については，この限りでない．

　　注　電波天文業務とは，宇宙から発する電波の受信を基礎とする天文学のための当該電波の受信の業務をいう．以下同じ．

②　①に規定する指定に係る受信設備は，次に掲げるもの（□ C □するものを除く．）とする．

(1) 電波天文業務の用に供する受信設備

(2) 宇宙無線通信の電波の受信を行う受信設備

	A	B	C
1	他の無線局	運用を阻害するような混信	移動
2	他の無線局	受信を不可能とするような混信	固定
3	放送の受信を目的とする受信設備	運用を阻害するような混信	固定
4	放送の受信を目的とする受信設備	受信を不可能とするような混信	移動

問 367　　　　　　　　　　　正解 □　完璧 □　✏ 直前CHECK □

次の記述のうち，無線局がなるべく擬似空中線回路を使用しなければならない場合に該当するものはどれか．電波法（第57条）の規定に照らし，下の1から4までのうちから一つ選べ．

1　実用化試験局を運用するとき．

2　無線設備の機器の試験又は調整を行うために運用するとき．

3　工事設計書に記載された空中線を使用することができないとき．

4　総務大臣が行う無線局の検査に際してその運用を必要とするとき．

注：**太字**は，ほかの試験問題で穴あきになった用語を示す．

解答　問364→4　問365→1

問 368　　　　　　　　　　　　　　正解 □　完璧 □　直前CHECK □

　次の記述は，擬似空中線回路の使用等について述べたものである．電波法（第57条及び第58条）の規定に照らし，□□□内に入れるべき正しい字句の組合せを下の1から4までのうちから一つ選べ．なお，同じ記号の□□□内には，同じ字句が入るものとする．

① 　無線局は，次に掲げる場合には，なるべく擬似空中線回路を使用しなければならない．

　(1) □ A □を行うために運用するとき．

　(2) □ B □を運用するとき．

② 　□ B □及びアマチュア無線局の行う通信には，暗語を□ C □．

	A	B	C
1	近傍にある無線局と通信	実用化試験局	使用してはならない
2	近傍にある無線局と通信	実験等無線局	使用することができる
3	無線設備の機器の試験又は調整	実用化試験局	使用することができる
4	無線設備の機器の試験又は調整	実験等無線局	使用してはならない

問 369　　　　　　　　　　　　　　正解 □　完璧 □　直前CHECK □

　無線局（登録局を除く．）の運用に関する次の記述のうち，電波法（第53条，第56条，第57条及び第59条）の規定に照らし，これらの規定に定めるところに適合しないものはどれか．下の1から4までのうちから一つ選べ．

1 　無線局は，放送の受信を目的とする受信設備又は電波天文業務の用に供する受信設備その他の総務省令で定める受信設備（無線局のものを除く．）で総務大臣が指定するものにその運用を阻害するような混信その他の妨害を与えないように運用しなければならない．ただし，遭難通信については，この限りでない．

2 　無線局は，次に掲げる場合には，なるべく擬似空中線回路を使用しなければならない．

　(1) 無線設備の機器の試験又は調整を行うために運用するとき．

　(2) 実験等無線局を運用するとき．

3 　無線局を運用する場合においては，無線設備の設置場所，識別信号，電波の型式及び周波数は，その無線局の免許状に記載されたところによらなければならない．ただし，遭難通信については，この限りでない．

4 　何人も法律に別段の定めがある場合を除くほか，特定の相手方に対して行われる無線通信（注）を傍受してその存在若しくは内容を漏らし，又はこれを窃用してはならない．

　　注 　電気通信事業法第4条（秘密の保護）第1項又は第164条（適用除外等）第3項の通信であるものを除く．

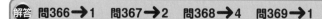

問 370 　正解 □ 完璧 □ ✎ 直前CHECK □

　次の記述のうち，無線通信（注）の秘密の保護に関する規定に適合するものはどれか．電波法（第59条）の規定に照らし，下の1から4までのうちから一つ選べ．

　　注　電気通信事業法第4条（秘密の保護）第1項又は第164条（適用除外等）第3項の通信であるものを除く．

1　何人も法律に別段の定めがある場合を除くほか，特定の相手方に対して行われる無線通信を傍受してその存在若しくは内容を漏らし，又はこれを窃用してはならない．

2　何人も法律に別段の定めがある場合を除くほか，特定の相手方に対して行われる暗語による無線通信を傍受してその存在若しくは内容を漏らし，又はこれを窃用してはならない．

3　何人も法律に別段の定めがある場合を除くほか，総務省令で定める周波数を使用して行われる無線通信を傍受してその存在若しくは内容を漏らし，又はこれを窃用してはならない．

4　何人も法律に別段の定めがある場合を除くほか，総務省令で定める周波数を使用して行われる暗語による無線通信を傍受してその存在若しくは内容を漏らし，又はこれを窃用してはならない．

問 371 　正解 □ 完璧 □ ✎ 直前CHECK □

　一般通信方法における無線通信の原則に関する次の記述のうち，無線局運用規則（第10条）の規定に照らし，この規定に定めるところに適合しないものはどれか．下の1から4までのうちから一つ選べ．

1　無線通信は，試験電波を発射した後でなければ行ってはならない．

2　無線通信に使用する用語は，できる限り簡潔でなければならない．

3　無線通信を行うときは，自局の識別信号を付して，その出所を明らかにしなければならない．

4　無線通信は，正確に行うものとし，通信上の誤りを知ったときは，直ちに訂正しなければならない．

解答　問366→1　問367→2　問368→4　問369→1

ミニ解説

　問369　（正）無線局は，他の無線局又は電波天文業務…（正）ただし，遭難通信，緊急通信，安全通信又は非常通信については，

236

問 372　　　　　　　　　　　　　　　　正解 □　完璧 □　✏直前CHECK □

　次の記述は，一般通信方法における無線通信の原則について述べたものである．無線局運用規則（第10条）の規定に照らし，□□□内に入れるべき最も適切な字句の組合せを下の1から4までのうちから一つ選べ．

①　必要のない無線通信は，これを行ってはならない．

②　無線通信に使用する用語は，できる限り　A　．

③　無線通信を行うときは，自局の　B　，その出所を明らかにしなければならない．

④　無線通信は，正確に行うものとし，通信上の誤りを知ったときは，　C　しなければならない．

	A	B	C
1	簡潔でなければならない	識別信号を付して	直ちに訂正
2	簡潔でなければならない	無線設備の設置場所を付して	通報の送信終了後に一括して訂正
3	略語を使用しなければならない	識別信号を付して	通報の送信終了後に一括して訂正
4	略語を使用しなければならない	無線設備の設置場所を付して	直ちに訂正

電波法規　無線局の運用

問題

　次の記述は，無線局が電波を発射する前の措置について述べたものである．無線局運用規則（第19条の2）の規定に照らし，□内に入れるべき最も適切な字句の組合せを下の1から4までのうちから一つ選べ．

① 　無線局は，相手局を呼び出そうとするときは，電波を発射する前に，□A□，自局の発射しようとする電波の周波数その他必要と認める周波数によって聴守し，他の通信に混信を与えないことを確かめなければならない．ただし，□B□を行う場合並びに海上移動業務以外の業務において他の通信に混信を与えないことが確実である電波により通信を行う場合は，この限りではない．

② 　①の場合において，他の通信に混信を与える虞^{おそれ}があるときは，□C□呼出しをしてはならない．

	A	B	C
1	受信機を最良の感度に調整し	遭難通信，緊急通信，安全通信及び電波法第74条(非常の場合の無線通信)第1項に規定する通信	その通信が終了した後でなければ
2	送信機を最良の状態に調整し	遭難通信	その通信が終了した後でなければ
3	送信機を最良の状態に調整し	遭難通信，緊急通信，安全通信及び電波法第74条(非常の場合の無線通信)第1項に規定する通信	空中線電力を低減しなければ
4	受信機を最良の感度に調整し	遭難通信	空中線電力を低減しなければ

問 374　　　　　　　　　　　　正解 ☐　完璧 ☐　✏ 直前 CHECK ☐

　次の記述は，無線設備の機器の試験又は調整のための無線局の運用について述べたものである．電波法（第57条）及び無線局運用規則（第22条及び第39条）の規定に照らし，☐☐内に入れるべき最も適切な字句の組合せを下の1から4までのうちから一つ選べ．

① 　無線局は，無線設備の機器の試験又は調整を行うために運用するときは，なるべく擬似空中線回路を使用しなければならない．

② 　無線局は，無線設備の機器の試験又は調整のため電波の発射を必要とするときは，発射する前に自局の発射しようとする電波の ☐ A ☐ によって聴守し，他の無線局の通信に混信を与えないことを確かめなければならない．

③ 　②の試験又は調整中は，しばしばその電波の周波数により聴守を行い，☐ B ☐どうかを確かめなければならない．

④ 　無線局は，③により聴守を行った結果，無線設備の機器の試験又は調整のための電波の発射が他の既に行われている通信に混信を与える旨の通知を受けたときは，直ちに☐ C ☐しなければならない．

電波法規　無線局の運用

	A	B	C
1	周波数及びその他必要と認める周波数	他の無線局が通信を行っていないか	空中線電力を低減
2	周波数	他の無線局が通信を行っていないか	その電波の発射を中止
3	周波数	他の無線局から停止の要求がないか	空中線電力を低減
4	周波数及びその他必要と認める周波数	他の無線局から停止の要求がないか	その電波の発射を中止

問題

　無線機器の試験又は調整のための無線局の運用に関する次の記述のうち，電波法（第57条）及び無線局運用規則（第22条及び第39条）の規定に照らし，これらの規定に定めるところに適合しないものはどれか．下の1から4までのうちから一つ選べ．

1　無線局は，無線機器の試験又は調整を行うために運用するときは，なるべく擬似空中線回路を使用しなければならない．

2　無線局は，無線機器の試験又は調整のため電波の発射を必要とするときは，発射する前に自局の発射しようとする電波の周波数及びその他必要と認める周波数によって聴守し，他の無線局の通信に混信を与えないことを確かめなければならない．

3　無線局は，無線機器の試験又は調整中は，しばしば，周波数の偏差が許容値を超えていないかどうかを確かめなければならない．

4　無線局は，無線機器の試験又は調整のための電波の発射が他の既に行われている通信に混信を与える旨の通知を受けたときは，直ちにその電波の発射を中止しなければならない．

問 376　　　　　　　　　　正解 [ ]　完璧 [ ]　直前CHECK [ ]

　次の記述は，無線電話による試験電波の発射について述べたものである．無線局運用規則（第14条，第39条及び第18条）の規定に照らし，[　　]内に入れるべき最も適切な字句の組合せを下の1から4までのうちから一つ選べ．なお，同じ記号の[　　]内には，同じ字句が入るものとする．

① 　無線局は，無線機器の試験又は調整のため電波の発射を必要とするときは，発射する前に[　A　]し，他の無線局の通信に混信を与えないことを確かめた後，次の符号を順次送信し，更に1分間聴守を行い，他の無線局から停止の請求がない場合に限り，「[　B　]」の連続及び自局の呼出名称1回を送信しなければならない．この場合において，「[　B　]」の連続及び自局の呼出名称の送信は，10秒間を超えてはならない．

(1) ただいま試験中　　　3回
(2) こちらは　　　　　　1回
(3) 自局の呼出名称　　　3回

② 　①の試験又は調整中は，しばしばその電波の周波数により聴守を行い，[　C　]どうかを確かめなくてはならない．

③ 　①の後段の規定にかかわらず，海上移動業務以外の業務の無線局にあっては，必要があるときは，10秒間を超えて，「[　B　]」の連続及び自局の呼出名称の送信をすることができる．

	A	B	C
1	自局の発射しようとする電波の周波数及びその他必要と認める周波数によって聴守	本日は晴天なり	他の無線局から停止の要求がないか
2	自局の発射しようとする電波の周波数及びその他必要と認める周波数によって聴守	試験電波発射中	他の無線局の通信に混信を与えていないか
3	送信機を最良の状態に調整	本日は晴天なり	他の無線局の通信に混信を与えていないか
4	送信機を最良の状態に調整	試験電波発射中	他の無線局から停止の要求がないか

 試験電波で連続して送信するのは，雨の日には合わないけど規定された用語だよ．

次の記述は，非常時運用人による無線局の運用について述べたものである．電波法（第70条の7）の規定に照らし，[　　]内に入れるべき最も適切な字句の組み合わせを下の1から4までのうちから一つ選べ．

① 無線局（注1）の免許人等（注2）は，地震，台風，洪水，津波，雪害，火災，暴動その他非常の事態が発生し，又は発生する虞がある場合において，人命の救助，災害の救援，交通通信の確保又は秩序の維持のために必要な通信を行うときは，当該無線局の免許等（注3）が効力を有する間，[　A　]ことができる．

　　注1　その運用が，専ら電波法第39条（無線設備の操作）第1項本文の総務省令で定める簡易な操作によるものに限る．以下②及び③において同じ．

　　2　免許人又は登録人をいう．以下②及び③において同じ．

　　3　無線局の免許又は登録をいう．

② ①の規定により無線局を自己以外の者に運用させた免許人等は，遅滞なく，当該無線局を運用する非常時運用人（注4）の氏名又は名称，[　B　]その他の総務省令で定める事項を総務大臣に届け出なければならない．

　　注4　当該無線局を運用する自己以外の者をいう．以下③において同じ．

③ ②に規定する免許人等は，当該無線局の運用が適正に行われるよう，総務省令で定めるところにより，非常時運用人に対し，[　C　]を行わなければならない．

	A	B	C
1	当該無線局を自己以外の者に運用させる	非常時運用人による運用の期間	必要かつ適切な監督
2	当該無線局を自己以外の者に運用させる	非常時運用人が指定した運用責任者の氏名	無線設備の取扱いの訓練
3	総務大臣の許可を受けて当該無線局を自己以外の者に運用させる	非常時運用人による運用の期間	無線設備の取扱いの訓練
4	総務大臣の許可を受けて当該無線局を自己以外の者に運用させる	非常時運用人が指定した運用責任者の氏名	必要かつ適切な監督

解答　問375→3　問376→1

問375　（正）しばしばその電波の周波数により聴守を行い，他の無線局から停止の要求がないかどうかを確かめなくてはならない．

問 378　　　　正解 ☐　完璧 ☐　🖊 直前CHECK ☐

次の記述は，地震，台風，洪水等の非常の事態が発生し，又は発生する虞（おそれ）がある場合に無線局（注1）を自己以外の者に運用させる免許人が非常時運用人（注2）に対して行う説明について述べたものである．電波法施行規則（第41条の2）の規定に照らし，☐☐☐内に入れるべき最も適切な字句の組合せを下の1から4までのうちから一つ選べ．

注1　その運用が，専ら電波法第39条（無線設備の操作）第1項本文の総務省令で定める簡易な操作によるものに限る．

2　電波法第70条の7第1項の規定により，当該無線局を運用する免許人以外の者をいう．

電波法第70条の7（非常時運用人による無線局の運用）第1項の規定により，無線局を自己以外の者に運用させる免許人は，あらかじめ，非常時運用人に対し，当該無線局の☐ A ☐，他の無線局の免許人との間で混信その他の妨害を防止するために必要な措置に関する契約の内容（当該契約を締結している場合に限る．），当該無線局の☐ B ☐並びに☐ C ☐を説明しなければならない．

	A	B	C
1	工事設計書に記載された事項	適正な運用の方法	無線設備の機能に異状があると認めた場合の措置
2	工事設計書に記載された事項	無線設備の取扱方法	非常時運用人が遵守すべき電波法及び電波法に基づく命令並びにこれらに基づく処分の内容
3	免許状に記載された事項	適正な運用の方法	非常時運用人が遵守すべき電波法及び電波法に基づく命令並びにこれらに基づく処分の内容
4	免許状に記載された事項	無線設備の取扱方法	無線設備の機能に異状があると認めた場合の措置

電波法規　無線局の運用

243

問題

▼ 解答

　次の記述は，免許人の非常時運用人（注）に対する監督について述べたものである．電波法施行規則（第41条の2の2）の規定に照らし，□□□内に入れるべき最も適切な字句の組合せを下の1から4までのうちから一つ選べ．

　注　電波法第70条の7（非常時運用人による無線局の運用）第2項の規定により，無線局（その運用が，専ら電波法第39条（無線設備の操作）第1項本文の総務省令で定める簡易な操作によるものに限る．）の免許人は，地震，台風，洪水，津波，雪害，火災，暴動その他非常の事態が発生し，又は発生するおそれがある場合において，人命の救助，災害の救援，交通通信の確保又は秩序の維持のために必要な通信を行うときは，当該無線局の免許が効力を有する間，当該無線局を自己以外の者に運用させることができる．この場合，当該無線局を運用する免許人以外の者を「非常時運用人」という．

① 　電波法第70条の7（非常時運用人による無線局の運用）第2項に規定する免許人は，次に掲げる場合には，遅滞なく，非常時運用人に対し，報告させなければならない．

　(1) 非常時運用人が 　A 　を行ったとき．

　(2) 非常時運用人が 　B 　を認めたとき．

　(3) 非常時運用人が 　C 　を受けたとき．

② 　①のほか，①の免許人は，非常時運用人に運用させた無線局の適正な運用を確保するために必要があるときは，非常時運用人に対し当該無線局の運用の状況を報告させ，非常時運用人による当該無線局の運用を停止し，その他必要な措置を講じなければならない．

	A	B	C
1	非常通信	混信妨害を与えている無線局	他の無線局から混信妨害の被害
2	他人の依頼による通信	混信妨害を与えている無線局	電波法又は電波法に基づく命令の規定に基づく処分
3	他人の依頼による通信	電波法又は電波法に基づく命令の規定に違反して運用した無線局	他の無線局から混信妨害の被害
4	非常通信	電波法又は電波法に基づく命令の規定に違反して運用した無線局	電波法又は電波法に基づく命令の規定に基づく処分

解答　問377→1　問378→3

問 380

正解 ☐ 完璧 ☐ 🖊 直前CHECK ☐

無線局は，無線設備の機器の試験又は調整のための電波の発射が他の既に行われている通信に混信を与える旨の通知を受けたときは，どうしなければならないか．無線局運用規則（第22条）の規定に照らし，正しいものを下の1から4までのうちから一つ選べ．

1 空中線電力を低下して電波を発射しなければならない．
2 直ちにその発射を中止しなければならない．
3 その通知に対して直ちに応答しなければならない．
4 10秒間を超えて電波を発射しないように注意しなければならない．

問 381

正解 ☐ 完璧 ☐ 🖊 直前CHECK ☐

次の記述は，総務大臣が行う無線局（登録局を除く．）に対する周波数等の変更命令について述べたものである．電波法（第71条）の規定に照らし，☐☐内に入れるべき最も適切な字句の組合せを下の1から4までのうちから一つ選べ．なお，同じ記号の☐☐内には，同じ字句が入るものとする．

① 総務大臣は，☐ A ☐必要があるときは，無線局の**目的の遂行**に支障を及ぼさない範囲内に限り，当該無線局の☐ B ☐の指定を変更し，又は☐ C ☐の無線設備の設置場所の変更を命ずることができる．

② ①の規定により☐ C ☐の無線設備の設置場所の変更の命令を受けた免許人は，その命令に係る措置を講じたときは，速やかに，その旨を総務大臣に報告しなければならない．

	A	B	C
1	混信の除去その他特に	周波数若しくは空中線電力	無線局
2	電波の規整その他公益上	周波数若しくは空中線電力	人工衛星局
3	電波の規整その他公益上	電波の型式若しくは周波数	無線局
4	混信の除去その他特に	電波の型式若しくは周波数	人工衛星局

注：**太字**は，ほかの試験問題で穴あきになった用語を示す．

問 382

正解 □ 完璧 □ 🖊 直前CHECK □

次の記述のうち，総務大臣が無線局（登録局を除く．）の周波数又は空中線電力の指定の変更を命ずることができる場合に該当するものはどれか．電波法（第71条）の規定に照らし，下の1から4までのうちから一つ選べ．

1 総務大臣は，無線局が他の無線局に混信その他の妨害を与えていると認めるときは，当該無線局の周波数又は空中線電力の指定の変更を命ずることができる．
2 総務大臣は，電波の能率的な利用の確保その他特に必要があると認めるときは，当該無線局の周波数又は空中線電力の指定の変更を命ずることができる．
3 総務大臣は，混信の除去その他特に必要があると認めるときは，無線局の運用に支障を及ぼさない範囲内に限り，当該無線局の周波数又は空中線電力の指定の変更を命ずることができる．
4 総務大臣は，電波の規整その他公益上必要があるときは，無線局の目的の遂行に支障を及ぼさない範囲内に限り，当該無線局の周波数又は空中線電力の指定の変更を命ずることができる．

問 383

正解 □ 完璧 □ 🖊 直前CHECK □

次の記述のうち，無線設備が電波法第3章（無線設備）に定める技術基準に適合していないと認めるときに，総務大臣が当該無線設備を使用する無線局（登録局を除く．）の免許人に対して行うことができる処分に該当するものはどれか．電波法（第71条の5）の規定に照らし，下の1から4までのうちから一つ選べ．

1 技術基準に適合するように当該無線設備の修理その他の必要な措置を執るべきことを命ずる．
2 臨時に電波の発射の停止を命ずる．
3 当該無線設備の使用を禁止する．
4 無線局の免許を取り消す．

解答 問379→4　問380→2　問381→2

問 384　　　　　　　　　　　　　　　　　　　正解 □　完璧 □　✎ 直前 CHECK □

　次の記述のうち，総務大臣が無線局に対し臨時に電波の発射の停止を命ずることができる場合に該当するものはどれか．電波法（第72条）の規定に照らし，下の1から4までのうちから一つ選べ．

1　その無線局の発射する電波が重要無線通信に妨害を与えていると認めるとき．

2　その無線局の発射する電波の周波数が免許状に記載された周波数以外のものであると認めるとき．

3　その無線局の発射する電波の質が電波法第28条の総務省令で定めるものに適合していないと認めるとき．

4　その無線局の発射する電波の空中線電力が免許状に記載された空中線電力の範囲を超えていると認めるとき．

問 385　　　　　　　　　　　　　　　　　　　正解 □　完璧 □　✎ 直前 CHECK □

　次の記述は，電波の質等について述べたものである．電波法（第28条及び第72条）の規定に照らし，□内に入れるべき最も適切な字句の組合せを下の1から4までのうちから一つ選べ．

①　送信設備に使用する電波の周波数の□ A □，□ B □電波の質は，総務省令で定めるところに適合するものでなければならない．

②　総務大臣は，無線局の発射する電波の質が①の総務省令で定めるものに適合していないと認めるときは，当該無線局に対して□ C □電波の発射の停止を命ずることができる．

	A	B	C
1	偏差及び幅	高調波の強度等	臨時に
2	偏差及び幅	空中線電力の偏差等	3箇月以内の期間を定めて
3	偏差	高調波の強度等	3箇月以内の期間を定めて
4	偏差	空中線電力の偏差等	臨時に

問 386

正解 ☐ 完璧 ☐ 直前CHECK ☐

次の記述は，総務大臣から臨時に電波の発射の停止を命じられた無線局が，その発射する電波の質を総務省令で定めるものに適合するよう措置した後の手続について述べたものである．電波法（第72条）の規定に照らし，この規定に適合するものはどれか．下の1から4までのうちから一つ選べ．

1 直ちにその電波を発射する．

2 その旨を総務大臣に申し出る．

3 電波の発射を開始した後，その旨を総務大臣に申し出る．

4 他の無線局の通信に混信を与えないことを確かめた後，電波を発射する．

問 387

正解 ☐ 完璧 ☐ 直前CHECK ☐

次の記述は，電波の発射の停止について述べたものである．電波法（第72条）の規定に照らし，☐☐☐内に入れるべき最も適切な字句の組合せを下の1から4までのうちから一つ選べ．

① 総務大臣は，無線局の発射する**電波の質**が電波法第28条の総務省令で定めるものに適合していないと認めるときは，当該無線局に対して☐ A ☐電波の発射の停止を命ずることができる．

② 総務大臣は，①の命令を受けた無線局からその発射する**電波の質**が電波法第28条の総務省令の定めるものに適合するに至った旨の申出を受けたときは，その無線局に☐ B ☐させなければならない．

③ 総務大臣は，②の規定により発射する**電波の質**が電波法第28条の総務省令で定めるものに適合しているときは，**直ちに**☐ C ☐しなければならない．

	A	B	C
1	臨時に	電波を試験的に発射	①の停止を解除
2	3箇月以内の期間を定めて	電波の質の測定結果を報告	①の停止を解除
3	臨時に	電波の質の測定結果を報告	当該無線局に対してその旨を通知
4	3箇月以内の期間を定めて	電波を試験的に発射	当該無線局に対してその旨を通知

注：**太字**は，ほかの試験問題で穴あきになった用語を示す．

解答 問382→4　問383→1　問384→3　問385→1

問 388 　　　　　　　　　　　　　　　正解 □　完璧 □　✐ 直前 CHECK □

　次の記述は，無線局の発射する電波の質が総務省令で定めるものに適合していないと認めるときに総務大臣が行うことができる処分等について述べたものである．電波法（第72条及び第73条）の規定に照らし，□□□内に入れるべき最も適切な字句の組合せを下の1から4までのうちから一つ選べ．なお，同じ記号の□□□内には，同じ字句が入るものとする．

① 　総務大臣は，無線局の発射する電波の質が電波法第28条（電波の質）の総務省令で定めるものに適合していないと認めるときは，当該無線局に対して臨時に□ A □を命ずることができる．

② 　総務大臣は，①の命令を受けた無線局からその発射する電波の質が電波法第28条（電波の質）の総務省令の定めるものに適合するに至った旨の申出を受けたときは，その無線局に□ B □させなければならない．

③ 　総務大臣は，②の規定により発射する電波の質が電波法第28条（電波の質）の総務省令で定めるものに適合しているときは，直ちに①の停止を解除しなければならない．

④ 　総務大臣は，電波法第71条の5（技術基準適合命令）の規定により無線設備が電波法第3章（無線設備）に定める技術基準に適合していないと認め，当該無線設備を使用する無線局の免許人に対し，その技術基準に適合するように当該無線設備の修理その他の必要な措置を執るべきことを命じたとき，①の□ A □を命じたとき，②の申出があったとき，無線局のある船舶又は航空機が外国へ出港しようとするとき，その他電波法の施行を確保するため特に必要があるときは，□ C □ことができる．

	A	B	C
1	運用の停止	電波を試験的に発射	免許人に対し，文書により無線設備の修理方法に関して報告を求める
2	運用の停止	電波の質の測定結果を報告	その職員を無線局に派遣し，その無線設備等を検査させる
3	電波の発射の停止	電波の質の測定結果を報告	免許人に対し，文書により無線設備の修理方法に関して報告を求める
4	電波の発射の停止	電波を試験的に発射	その職員を無線局に派遣し，その無線設備等を検査させる

電波法規　監督

249

問 389　　　　　　　　　　　　　　正解 □　完璧 □　✐ 直前 CHECK □

次の記述は，無線局の定期検査（電波法第73条第1項の検査をいう．）について述べたものである．電波法（第73条）の規定に照らし，□□□内に入れるべき最も適切な字句の組合せを下の1から4までのうちから一つ選べ．

① 総務大臣は，　A　，あらかじめ通知する期日に，その職員を無線局（総務省令で定めるものを除く．）に派遣し，その無線設備等（無線設備，無線従事者の資格（主任無線従事者の要件に係るものを含む．）及び員数並びに時計及び書類をいう．以下同じ．）を検査させる．

② ①の検査は，当該無線局（注1）の免許人から，①の規定により総務大臣が通知した期日の　B　前までに，当該無線局の無線設備等について登録検査等事業者（注2）（無線設備等の点検の事業のみを行う者を除く．）が，総務省令で定めるところにより，当該登録に係る検査を行い，当該無線局の無線設備がその工事設計に合致しており，かつ，その無線従事者の資格及び員数並びに時計及び書類が電波法の関係規定にそれぞれ違反していない旨を記載した証明書の提出があったときは，①の規定にかかわらず，　C　することができる．

　注1　人の生命又は身体の安全の確保のためその適正な運用の確保が必要な無線局として総務省令で定めるものを除く．以下同じ．
　　2　電波法第24条の2（検査等事業者の登録）第1項の登録を受けた者をいう．

	A	B	C
1	総務省令で定める時期ごとに	3月	一部を省略
2	毎年1回	3月	省略
3	総務省令で定める時期ごとに	1月	省略
4	毎年1回	1月	一部を省略

登録検査等事業者の検査の場合は，検査を「省略」だよ．登録検査等事業者などの点検の場合は，検査において「その一部」を省略もあるよ．

解答　問386→2　問387→1　問388→4

問題

　次の記述は，無線局の検査及びその検査の結果について指示を受けたときの措置について述べたものである．電波法（第73条）及び電波法施行規則（第39条）の規定に照らし，□内に入れるべき最も適切な字句の組み合わせを下の1から4までのうちから一つ選べ．

① 　総務大臣は，　A　，あらかじめ通知する期日に，その職員を無線局（総務省令で定めるものを除く．）に派遣し，その無線設備等 (注) を検査させる．ただし，当該無線局の発射する電波の質又は空中線電力に係る無線設備の事項以外の事項の検査を行う必要がないと認める無線局については，その無線局に電波の発射を命じて，その発射する電波の質又は空中線電力の検査を行う．

　　注　無線設備，無線従事者の資格（主任無線従事者の要件に係るものを含む．）及び員数並びに時計及び書類をいう．

② 　免許人は，検査の結果について総務大臣又は総合通信局長（沖縄総合通信事務所長を含む．）から指示を受け相当な措置をしたときは，速やかにその措置の内容を　B　しなければならない．

	A	B
1	毎年1回	無線局検査結果通知書の余白に記載
2	毎年1回	総務大臣又は総合通信局長（沖縄総合通信事務所長を含む．）に報告
3	総務省令で定める時期ごとに	総務大臣又は総合通信局長（沖縄総合通信事務所長を含む．）に報告
4	総務省令で定める時期ごとに	無線局検査結果通知書の余白に記載

 電波法では「総務大臣」と規定されているけれど，電波法施行規則などの規則では「総務大臣又は総合通信局長（沖縄総合通信事務所長を含む．）」と規定されていることがあるよ．権限が委任されているからだよ．

電波法規　監督

　次の記述は，固定局の臨時検査（電波法第 73 条第 5 項の検査をいう．）について述べたものである．電波法（第 73 条）の規定に照らし，□□□内に入れるべき最も適切な字句の組合せを下の 1 から 4 までのうちから一つ選べ．なお，同じ記号の□□□内には，同じ字句が入るものとする．

　総務大臣は，次に掲げる場合は，その職員を無線局に派遣し，その無線設備，無線従事者の資格（主任無線従事者の要件に係るものを含む．）及び員数並びに時計及び書類を検査させることができる．

①　総務大臣が電波法第 71 条の 5（技術基準適合命令）の規定により無線設備が第 3 章（無線設備）に定める技術基準に適合していないと認め，当該無線設備を使用する無線局の免許人等（注）に対し，**その技術基準に適合するように当該無線設備の** □ A □ **その他の必**要な措置をとるべきことを命じたとき．

　　注　免許人又は登録人をいう．

②　総務大臣が電波法第 72 条（電波の発射の停止）第 1 項の規定により無線局の発射する□ B □が総務省令で定めるものに適合していないと認め，当該無線局に対して □ C □ **電波の発射の停止を命じたとき．**

③　総務大臣が②の命令を受けた無線局からその発射する□ B □が総務省令の定めるものに適合するに至った旨の申出を受けたとき．

④　**電波法の施行を確保するため特に必要があるとき．**

	A	B	C
1	運用の停止	電波の強度	臨時に
2	運用の停止	電波の質	3 箇月以内の期間を定めて
3	修理	電波の質	臨時に
4	修理	電波の強度	3 箇月以内の期間を定めて

注：**太字**は，ほかの試験問題で穴あきになった用語を示す．

解答 問389→3　問390→3

正解 ☐ 完璧 ☐ 🖉 直前 CHECK ☐

　総務大臣がその職員を無線局（登録局を除く.）に派遣し，その無線設備，無線従事者の資格（主任無線従事者の要件に係るものを含む.）及び員数並びに時計及び書類を検査させることができる場合に関する次の記述のうち，電波法（第73条）の規定に照らし，この規定に定めるところに適合しないものはどれか. 下の1から4までのうちから一つ選べ.

1　無線設備が電波法第3章（無線設備）に定める技術基準に適合していないと認め，当該無線設備を使用する無線局の免許人に対し，その技術基準に適合するように当該無線設備の修理その他の必要な措置を執るべきことを命じたとき.

2　無線局の発射する電波の質が電波法第28条の総務省令で定めるものに適合していないと認め，当該無線局に対して臨時に電波の発射の停止を命じたとき.

3　無線局の発射する電波の質が電波法第28条の総務省令で定めるものに適合していないと認めて臨時に電波の発射の停止を命じた無線局から，その発射する電波の質が同条の総務省令の定めるものに適合するに至った旨の申出があったとき.

4　無線局の検査の結果について総務大臣又は総合通信局長（沖縄総合通信事務所長を含む.）から指示を受けた免許人から，その措置の内容について報告があったとき.

電波法規　監督

問 393　　　　　　　　　　　　　　　　　　　正解 □　完璧 □　✏ 直前 CHECK □

　次の記述は，非常の場合の無線通信等について述べたものである．電波法（第74条及び第74条の2）の規定に照らし，□□□内に入れるべき最も適切な字句の組合せを下の1から4までのうちから一つ選べ．なお，同じ記号の□□□内には，同じ字句が入るものとする．

① 　総務大臣は，地震，台風，洪水，津波，雪害，火災，暴動その他非常の事態が**発生し，又は発生するおそれがある**場合においては，人命の救助，**災害の救援**，□A□の確保又は秩序の維持のために必要な通信を□B□**に行わせる**ことができる．

② 　総務大臣が①の規定により□B□に通信を行わせたときは，国は，その通信に要した実費を弁償しなければならない．

③ 　総務大臣は，①に規定する通信の円滑な実施を確保するため必要な体制を整備するため，非常の場合における通信計画の作成，通信訓練の実施その他の必要な措置を講じておかなければならない．

④ 　総務大臣は，③に規定する措置を講じようとするときは，□C□**の協力**を求めることができる．

	A	B	C
1	交通通信	電気通信事業者	無線従事者
2	交通通信	無線局	免許人又は登録人
3	電力の供給	無線局	無線従事者
4	電力の供給	電気通信事業者	免許人又は登録人

問 394　　　　　　　　　　　　　　　　　　　正解 □　完璧 □　✏ 直前 CHECK □

　次に掲げる事項のうち，免許人が電波法，放送法若しくはこれらの法律に基づく命令又はこれらに基づく処分に違反したときに，総務大臣から受けることがある処分に該当するものはどれか．電波法（第76条）の規定に照らし，下の1から4までのうちから一つ選べ．

1　無線局の免許の取消しの処分

2　3月以内の期間を定めて行われる無線局の運用の停止の処分

3　6月以内の期間を定めて行われる無線局の電波の型式の制限の処分

4　3月以内の期間を定めて行われる無線局の通信の相手方又は通信事項の制限の処分

注：**太字**は，ほかの試験問題で穴あきになった用語を示す．

解答　問391 → 3　　問392 → 4

問 395　　　　　　　　　　　　　　　　　正解 □　完璧 □　🖊直前CHECK □

　無線局（登録局を除く．）の免許人が電波法，放送法若しくはこれらの法律に基づく命令又はこれらに基づく処分に違反したときに総務大臣から受けることがある処分に関する次の記述のうち，電波法（第76条）の規定に照らし，この規定に定めるところに適合しないものはどれか．下の1から4までのうちから一つ選べ．

1　期間を定めて行う電波の型式の制限
2　期間を定めて行う周波数の制限
3　期間を定めて行う空中線電力の制限
4　期間を定めて行う運用許容時間の制限

　「法律に基づく命令」は，運用規則などの総務省令のことだよ．
　「基づく処分」は，運用停止や制限などのことだよ．

問 396　　　　　　　　　　　　　　　　　正解 □　完璧 □　🖊直前CHECK □

　次の記述は，総務大臣が免許人等 (注) に対して行うことができる処分について述べたものである．電波法（第76条）の規定に照らし，□□□内に入れるべき最も適切な字句の組合せを下の1から4までのうちから一つ選べ．
　　注　免許人又は登録人をいう．

　総務大臣は，免許人等が電波法，放送法若しくはこれらの法律に基づく命令又はこれらに基づく処分に違反したときは，□A□以内の期間を定めて□B□の停止を命じ，又は期間を定めて□C□を制限することができる．

	A	B	C
1	6月	電波の発射	運用許容時間，周波数若しくは空中線電力
2	6月	無線局の運用	電波の型式，周波数若しくは空中線電力
3	3月	電波の発射	電波の型式，周波数若しくは空中線電力
4	3月	無線局の運用	運用許容時間，周波数若しくは空中線電力

　次の記述は，無線局の免許の取消し等について述べたものである．電波法（第76条）の規定に照らし，□□□内に入れるべき最も適切な字句の組合せを下の1から4までのうちから一つ選べ．

① 　総務大臣は，免許人（包括免許人を除く．以下同じ．）が電波法，放送法若しくはこれらの法律に基づく命令又はこれらに基づく処分に違反したときは，　A　以内の期間を定めて無線局の運用の停止を命じ，又は期間を定めて運用許容時間，　B　を制限することができる．

② 　総務大臣は，免許人が正当な理由がないのに，無線局の運用を引き続き　C　以上休止したときは，その免許を取り消すことができる．

③ 　総務大臣は，免許人が①の命令又は制限に従わないときは，その免許を取り消すことができる．

	A	B	C
1	6月	電波の型式若しくは周波数	6月
2	3月	電波の型式若しくは周波数	1年
3	6月	周波数若しくは空中線電力	1年
4	3月	周波数若しくは空中線電力	6月

「3月」と「3箇月」，「6月」と「6箇月」のように違って書いてある問題があるけど，条文にそのように書いてあるからだよ．意味は同じだよ．

　次の記述は，総務大臣が無線局（登録局を除く.）の免許を取り消すことができる場合について述べたものである．電波法（第76条）の規定に照らし，□□□内に入れるべき最も適切な字句の組合せを下の1から4までのうちから一つ選べ.

　総務大臣は，免許人（包括免許人を除く.）が次の(1)から(4)までのいずれかに該当するときは，その免許を取り消すことができる.

(1) **正当な理由がないのに**，無線局の運用を引き続き□ A □以上休止したとき.

(2) 不正な手段により無線局の免許若しくは電波法第17条（変更等の許可）の許可を受け，又は電波法第19条（申請による周波数等の変更）の規定による指定の変更を行わせたとき.

(3) 免許人が電波法，放送法若しくはこれらの法律に基づく命令又はこれらに基づく処分に違反したことにより，3月以内の期間を定めて行われる**無線局の運用**の停止の命令，又は期間を定めて行われる□ B □，**周波数若しくは空中線電力**の制限に従わないとき.

(4) 免許人が電波法又は放送法に規定する罪を犯し罰金以上の刑に処せられ，その執行を終わり，又はその執行を受けることがなくなった日から□ C □を経過しない者に該当するに至ったとき.

	A	B	C
1	6月	電波の型式	5年
2	1年	電波の型式	2年
3	6月	運用許容時間	2年
4	1年	運用許容時間	5年

電波法規　監督

注：**太字**は，ほかの試験問題で穴あきになった用語を示す.

257

問 399

正解 □　完璧 □　直前 CHECK □

　次の記述は，総務大臣が無線局の免許を取り消すことができる場合について述べたものである．電波法（第76条）の規定に照らし，この規定に定めるところに適合しないものを下の1から4までのうちから一つ選べ．

1　免許人が正当な理由がないのに，無線局の運用を引き続き6月以上休止したとき．
2　免許人が電波法又は放送法に規定する罪を犯し罰金以上の刑に処せられ，その執行を終わり，又はその執行を受けることがなくなった日から2年を経過しない者に該当するに至ったとき．
3　免許人が不正な手段により無線局の免許若しくは電波法第17条（変更等の許可）の許可を受け，又は第19条（申請による周波数等の変更）の規定による指定の変更を行わせたとき．
4　免許人が電波法，放送法若しくはこれらの法律に基づく命令又はこれらに基づく処分に違反し，総務大臣から6月以内の期間を定めて無線局の運用の停止を命じられ，又は期間を定めて電波の型式，周波数若しくは空中線電力を制限され，その命令又は制限に従わないとき．

問 400

正解 □　完璧 □　直前 CHECK □

　次の記述のうち，無線従事者がその免許を取り消されることがある場合に該当するものはどれか．電波法（第79条）の規定に照らし，下の1から4までのうちから一つ選べ．

1　刑法に規定する罪を犯し，罰金以上の刑に処せられたとき．
2　不正な手段により無線従事者の免許を受けたとき．
3　無線通信の業務に5年以上従事しなかったとき．
4　日本の国籍を失ったとき．

問 401　　　　　　　　　　　　　　　正解 □　完璧 □　直前CHECK □

　総務大臣が無線従事者の免許を取り消すことができる場合に関する次の記述のうち，電波法（第79条）の規定に照らし，この規定に定めるところに適合しないものはどれか．下の1から4までのうちから一つ選べ．

1　無線従事者が電波法若しくは電波法に基づく命令又はこれらに基づく処分に違反したとき．
2　無線従事者が不正な手段により無線従事者の免許を受けたとき．
3　無線従事者が著しく心身に欠陥があって無線従事者たるに適しない者に該当するに至ったとき．
4　無線従事者が正当な理由がないのに，無線通信の業務に5年以上従事しなかったとき．

問 402　　　　　　　　　　　　　　　正解 □　完璧 □　直前CHECK □

　次の記述のうち，無線従事者が，電波法若しくは電波法に基づく命令又はこれらに基づく処分に違反したときに，総務大臣から受けることがある処分に該当するものはどれか．電波法（第79条）の規定に照らし，下の1から4までのうちから一つ選べ．

1　無線従事者の免許の取消し
2　無線設備の操作の範囲の制限
3　無線従事者が従事する無線局の運用の停止
4　6箇月以内の期間を定めて行うその業務に従事することの停止

　電波法違反のとき，無線局の免許は取消しがないけど，無線従事者の免許は取消しがあるよ．

259

問 403
正解 ☐ 完璧 ☐ ✎ 直前CHECK ☐

▼解答

　無線従事者の免許の取消し等に関する次の記述のうち，電波法（第39条，第42条及び第79条），電波法施行規則（第34条の3）及び無線従事者規則（第51条）の規定に照らし，これらの規定に定めるところに適合しないものはどれか．下の1から4までのうちから一つ選べ．

1　総務大臣は，無線従事者が電波法若しくは電波法に基づく命令又はこれらに基づく処分に違反したときは，無線従事者の免許を取り消し，又は3箇月以内の期間を定めてその業務に従事することを停止することができる．

2　無線従事者は，免許の取消しの処分を受けたときは，その処分を受けた日から1箇月以内にその免許証を総務大臣又は総合通信局長（沖縄総合通信事務所長を含む.）に返納しなければならない.

3　総務大臣は，無線従事者の免許を取り消され，取消しの日から2年を経過しない者に対しては，無線従事者の免許を与えないことができる．

4　主任無線従事者は，電波法第40条（無線従事者の資格）の定めるところにより，無線設備の操作の監督を行うことができる無線従事者であって，主任無線従事者として選任される日以前5年間において無線局（無線従事者の選任を要する無線局でアマチュア局以外のものに限る.）の無線設備の操作又はその監督の業務に従事した期間が3箇月に満たない者に該当しないものでなければならない.

問 404
正解 ☐ 完璧 ☐ ✎ 直前CHECK ☐

　次の記述のうち，無線従事者が総務大臣から3箇月以内の期間を定めてその業務に従事することを停止されることがある場合に該当するものはどれか．電波法（第79条）の規定に照らし，下の1から4までのうちから一つ選べ．

1　電波法若しくは電波法に基づく命令又はこれらに基づく処分に違反したとき．

2　無線通信の業務に5年以上従事しなかったとき．

3　無線局の運用を6箇月以上休止したとき．

4　免許証を失ったとき．

解答 問399→4　問400→2　問401→4　問402→1

✎ **ミニ解説**　　**問399**　（正）総務大臣から**3月**以内の…（正）又は期間を定めて**運用許容時間**，周波数若しくは空中線電力を制限され，

問 405　　　　　　　　　　　　正解 [　] 完璧 [　] 直前CHECK [　]

　次の記述は，無線局の免許人が電波法又は電波法に基づく命令の規定に違反して運用した無線局を認めたときに執らなければならない措置について述べたものである．電波法（第80条）の規定に照らし，これらの規定に適合するものを下の1から4までのうちから一つ選べ．

1　その無線局を告発する．
2　その無線局の電波の発射を停止させる．
3　その無線局の免許人にその旨を通知する．
4　総務省令で定める手続きにより，総務大臣に報告する．

問 406　　　　　　　　　　　　正解 [　] 完璧 [　] 直前CHECK [　]

　無線局（登録局を除く．）の免許人の総務大臣への報告等に関する次の記述のうち，電波法（第80条及び第81条）の規定に照らし，これらの規定に定めるところに適合しないものはどれか．下の1から4までのうちから一つ選べ．

1　免許人は，遭難通信，緊急通信，安全通信又は非常通信を行ったときは，総務省令で定める手続により，総務大臣に報告しなければならない．
2　免許人は，電波法第74条（非常の場合の無線通信）第1項に規定する通信の訓練のための通信を行ったときは，総務省令で定める手続により，総務大臣に報告しなければならない．
3　免許人は，電波法又は電波法に基づく命令の規定に違反して運用した無線局を認めたときは，総務省令で定める手続により，総務大臣に報告しなければならない．
4　総務大臣は，無線通信の秩序の維持その他無線局の適正な運用を確保するため必要があると認めるときは，免許人に対し，無線局に関し報告を求めることができる．

問 407　　　　　　　　　　　　　　正解 □　完璧 □　直前CHECK □

　次の記述は，無線局（登録局を除く．）の免許人の総務大臣への報告等について述べたものである．電波法（第80条及び第81条）の規定に照らし，□□□□内に入れるべき最も適切な字句の組合せを下の1から4までのうちから一つ選べ．

①　無線局の免許人は，次の (1) 及び (2) に掲げる場合は，総務省令で定める手続により，総務大臣に報告しなければならない．
　(1) 遭難通信，緊急通信，安全通信又は**非常通信**を行ったとき．
　(2) □ A □．

②　総務大臣は，□ B □その他□ C □を**確保**するため必要があると認めるときは，免許人に対し，無線局に関し報告を求めることができる．

	A	B	C
1	電波法又は電波法に基づく命令の規定に違反して運用した無線局を認めたとき	無線通信の秩序の維持	無線局の適正な運用
2	無線設備の機器の試験又は調整を行うために無線局を運用したとき	無線通信の秩序の維持	電波の能率的な利用
3	電波法又は電波法に基づく命令の規定に違反して運用した無線局を認めたとき	混信の除去	電波の能率的な利用
4	無線設備の機器の試験又は調整を行うために無線局を運用したとき	混信の除去	無線局の適正な運用

注：**太字**は，ほかの試験問題で穴あきになった用語を示す．

解答　問403→2　問404→1　問405→4　問406→2

ミニ解説　問403　（正）その処分を受けた日から10日以内に

問題

問 408　　　　　　　　　　正解 □　完璧 □　✏ 直前CHECK □

　次の記述は，免許等を要しない無線局 (注) 及び受信設備に対する監督について述べたものである．電波法 (第 82 条) の規定に照らし，◻◻◻内に入れるべき最も適切な字句の組合せを下の 1 から 4 までのうちから一つ選べ．

　　注　電波法第 4 条 (無線局の開設) 第 1 項第 1 号から第 3 号までに掲げる無線局をいう．

① 　総務大臣は，免許等を要しない無線局の無線設備の発する電波又は受信設備が副次的に発する電波若しくは高周波電流が◻A◻の機能に継続的かつ重大な障害を与えるときは，その設備の所有者又は占有者に対し，その障害を除去するために◻B◻を命ずることができる．

② 　総務大臣は，免許等を要しない無線局の無線設備について又は放送の受信を目的とする受信設備以外の受信設備について①の措置を執るべきことを命じた場合において特に必要があると認めるときは，◻C◻ことができる．

電波法規　監督

	A	B	C
1	電気通信業務の用に供する無線局の無線設備	設備の使用を中止する措置を執るべきこと	その職員を当該設備のある場所に派遣し，その設備を検査させる
2	他の無線設備	設備の使用を中止する措置を執るべきこと	その事実及び措置の内容を記載した書面の提出を求める
3	他の無線設備	必要な措置を執るべきこと	その職員を当該設備のある場所に派遣し，その設備を検査させる
4	電気通信業務の用に供する無線局の無線設備	必要な措置を執るべきこと	その事実及び措置の内容を記載した書面の提出を求める

注：**太字**は，ほかの試験問題で穴あきになった用語を示す．

263

問題

次の記述は，無線局の免許人（包括免許人を除く.）が国に納めるべき電波利用料について述べたものである．電波法（第103条の2）の規定に照らし，□□内に入れるべき最も適切な字句の組合せを下の1から4までのうちから一つ選べ．なお，同じ記号の□□内には，同じ字句が入るものとする.

① 免許人は，電波利用料として，無線局の免許の日から起算して A 以内及びその後毎年その応当日（注1）から起算して A 以内に，当該無線局の起算日（注2）から始まる各1年の期間について，電波法（別表第6）において無線局の区分に従って定める一定の金額を国に納めなければならない.

　　注1　その無線局の免許の日に応当する日（応当する日がない場合は，その翌日）をいう.
　　　2　その無線局の免許の日又は応当日をいう.

② 免許人は，①の規定により電波利用料を納めるときには， B することができる.

	A	B
1	30日	当該期間に係る電波利用料を2回に分割して納付
2	30日	その翌年の応当日以後の期間に係る電波利用料を前納
3	6箇月	その翌年の応当日以後の期間に係る電波利用料を前納
4	6箇月	当該期間に係る電波利用料を2回に分割して納付

問 410　　　　　　　　　　　　　　　　　正解 □　完璧 □　🖊 直前 CHECK □

　次の記述は，無線局の免許人が国に納めるべき電波利用料について述べたものである．電波法（第103条の2）の規定に照らし，この規定の定めるところに適合しないものを下の1から4までのうちから一つ選べ．

1　総務大臣は，電波利用料を納めない者があるときは，督促状によって，期限を指定して督促しなければならない．

2　免許人は，電波利用料を納めるときには，その翌年の応当日 (注1) 以後の期間に係る電波利用料を前納することができる．

　　注1　応当日とは，その無線局の免許に応当する日（応当する日がない場合は，その翌日）をいう．以下4において同じ．

3　総務大臣は，電波利用料の督促を受けた者が指定された期限までに電波利用料を納めないときは，その督促に係る無線局の運用の停止を命ずることができる．

4　免許人は，電波利用料として，無線局の免許の日から起算して30日以内及びその後毎年その応当日から起算して30日以内に，当該無線局の起算日 (注2) から始まる各1年の期間について，電波法別表第6において無線局の区分に従って定める一定の金額を国に納めなければならない．

　　注2　起算日とは，その無線局の免許の日又は応当日をいう．

電波法規　監督

　次の記述は，無線通信（注）の秘密の保護について述べたものである．電波法（第59条及び第109条）の規定に照らし，☐☐☐内に入れるべき最も適切な字句の組合せを下の1から4までのうちから一つ選べ．

　　注　電気通信事業法第4条（秘密の保護）第1項又は第164条（適用除外等）第3項の通信であるものを除く．

① 　何人も法律に別段の定めがある場合を除くほか，　A　を傍受して**その存在若しくは内容**を漏らし，又はこれを窃用してはならない．

② 　無線局の取扱中に係る　B　の秘密を漏らし，又は窃用した者は，1年以下の懲役又は50万円以下の罰金に処する．

③ 　　C　がその業務に関し知り得た②の秘密を漏らし，又は窃用したときは，2年以下の懲役又は100万円以下の罰金に処する．

	A	B	C
1	特定の相手方に対して行われる無線通信	無線通信	無線通信の業務に従事する者
2	特定の相手方に対して行われる無線通信	暗語による無線通信	無線従事者
3	総務省令で定める周波数により行われる無線通信	暗語による無線通信	無線通信の業務に従事する者
4	総務省令で定める周波数により行われる無線通信	無線通信	無線従事者

秘密の保護に関する罰則は，1年又は50万円か，2年又は100万円だよ．
不法開設や運用に関する違反の場合などは1年又は100万円だよ．

注：**太字**は，ほかの試験問題で穴あきになった用語を示す．

解答　問409→2　　問410→3

問 412　　　　　　　　　　　　　　　　　　正解 ☐　完璧 ☐　✎ 直前CHECK ☐

　次の記述は，暗号通信の内容の復元に関する罰則について述べたものである．電波法（第109条の2）の規定に照らし，☐☐内に入れるべき最も適切な字句の組合せを下の1から4までのうちから一つ選べ．なお，同じ記号の☐☐内には，同じ字句が入るものとする．

① 　暗号通信を傍受した者又は暗号通信を　A　であって当該暗号通信を受信したものが，　B　，その内容を復元したときは，1年以下の懲役又は50万円以下の罰金に処する．

② 　　C　が，①の罪を犯したとき（その業務に関し暗号通信を傍受し，又は受信した場合に限る．）は，2年以下の懲役又は100万円以下の罰金に処する．

③ 　①及び②において，「暗号通信」とは，通信の当事者（当該通信を　A　であって，その内容を復元する権限を有するものを含む．）以外の者がその内容を復元できないようにするための措置が行われた無線通信をいう．

④ 　①及び②の未遂罪は，罰する．

	A	B	C
1	知り得る立場の者	自己又は他人に利益を与える目的で	無線通信の業務に従事する者
2	知り得る立場の者	当該暗号通信の秘密を漏らし，又は窃用する目的で	無線従事者
3	媒介する者	当該暗号通信の秘密を漏らし，又は窃用する目的で	無線通信の業務に従事する者
4	媒介する者	自己又は他人に利益を与える目的で	無線従事者

電波法規　監督

問題

問 413　　　　　　　　　　　正解 □　完璧 □　直前CHECK □

　次の記述は，非常の場合の無線通信について述べたものである．電波法（第74条及び第110条）の規定に照らし，□□□内に入れるべき最も適切な字句の組合せを下の1から4までのうちから一つ選べ．なお，同じ記号の□□□内には，同じ字句が入るものとする．

① 　総務大臣は，地震，台風，洪水，津波，雪害，火災，暴動その他非常の事態が　A　においては，人命の救助，災害の救援，交通通信の確保又は秩序の維持のために必要な通信を　B　に行わせることができる．

② 　総務大臣が①の規定により　B　に通信を行わせたときは，国は，その通信に要した実費を弁償しなければならない．

③ 　①の規定による処分に違反した者は，　C　以下の懲役又は100万円以下の罰金に処する．

	A	B	C
1	発生し，又は発生する虞がある場合	電気通信事業者	2年
2	発生した場合	無線局	2年
3	発生し，又は発生する虞がある場合	無線局	1年
4	発生した場合	電気通信事業者	1年

問 414　　　　　　　　　　　正解 □　完璧 □　直前CHECK □

　無線局（包括免許に係るものを除く．）の免許状に関する次の記述のうち，電波法（第21条及び第24条）及び無線局免許手続規則（第22条及び第23条）の規定に照らし，これらの規定に定めるところに適合しないものはどれか．下の1から4までのうちから一つ選べ．

1 　免許がその効力を失ったときは，免許人であった者は，1箇月以内にその免許状を返納しなければならない．

2 　免許人は，免許状に記載した事項に変更を生じたときは，総務大臣又は総合通信局長（沖縄総合通信事務所長を含む．）に対し，事由及び訂正すべき箇所を付して，その旨を届け出るものとする．

3 　免許人は，免許状を破損し，汚し，失った等のために免許状の再交付の申請をしようとするときは，理由及び免許の番号並びに識別信号を記載した申請書を総務大臣又は総合通信局長（沖縄総合通信事務所長を含む．）に提出しなければならない．

4 　免許人は，新たな免許状の交付による訂正を受けたとき，又は免許状の再交付を受けたときは，遅滞なく旧免許状を返さなければならない．ただし，免許状を失った等のためにこれを返すことができない場合は，この限りでない．

解答 問411→1　問412→3

次の記述は，無線局（包括免許に係るものを除く.）の免許状の訂正及び再交付について述べたものである．無線局免許手続規則（第22条及び第23条）の規定に照らし，□□□内に入れるべき最も適切な字句の組合せを下の1から4までのうちから一つ選べ．なお，同じ記号の□□□内には，同じ字句が入るものとする.

① 免許人は，電波法第21条の免許状の訂正を受けようとするときは，総務大臣又は総合通信局長（沖縄総合通信事務所長を含む．以下同じ.）に対し，事由及び訂正すべき箇所を付して，その旨を A ものとする.

② 免許人は，新たな免許状の交付による訂正を受けたときは， B 旧免許状を返さなければならない.

③ 免許人は，免許状を C ，失った等のために免許状の再交付の申請をしようとするときは，理由及び免許の番号並びに識別信号を記載した申請書を総務大臣又は総合通信局長に提出しなければならない.

④ 免許人は，③により免許状の再交付を受けたときは， B 旧免許状を返さなければならない．ただし，免許状を失った等のためにこれを返すことができない場合は，この限りでない.

法　規　監督／書類

	A	B	C
1	申請する	遅滞なく	破損し，汚し
2	届け出る	10日以内に	破損し，汚し
3	申請する	10日以内に	破損し
4	届け出る	遅滞なく	破損し

注意　無線局の免許状を返す期限は，「1箇月以内」と「遅滞なく」があるよ.

問題

問 416　　　　　　　　　　　正解 □　完璧 □　✎ 直前CHECK □

　無線局（包括免許に係るものを除く．）の免許状に関する次の記述のうち，電波法（第21条及び第24条）及び無線局免許手続規則（第22条及び第23条）の規定に照らし，これらの規定に定めるところに適合しないものはどれか．下の1から4までのうちから一つ選べ．

1　免許人は，新たな免許状の交付による訂正を受けたときは，遅滞なく旧免許状を返さなければならない．

2　免許がその効力を失ったときは，免許人であった者は，10日以内にその免許状を返納しなければならない．

3　免許人は，免許状に記載した事項に変更を生じたときは，その免許状を総務大臣に提出し，訂正を受けなければならない．

4　免許人は，免許状を破損し，汚し，失った等のために免許状の再交付を受けたときは，遅滞なく旧免許状を返さなければならない．ただし，免許状を失った等のためにこれを返すことができない場合は，この限りでない．

問 417　　　　　　　　　　　正解 □　完璧 □　✎ 直前CHECK □

　次の記述のうち，無線従事者の選任又は解任の際に，無線局（登録局を除く．）の免許人が執らなければならない措置に該当するものはどれか．電波法（第39条及び第51条）の規定に照らし，下の1から4までのうちから一つ選べ．

1　無線局の免許人は，無線従事者を選任しようとするときは，総務大臣に届け出て，その指示を受けなければならない．これを解任しようとするときも，同様とする．

2　無線局の免許人は，無線従事者を選任しようとするときは，あらかじめ総務大臣の許可を受けなければならない．これを解任しようとするときも，同様とする．

3　無線局の免許人は，無線従事者を選任しようとするときは，あらかじめ総務大臣に届け出なければならない．これを解任しようとするときも，同様とする．

4　無線局の免許人は，無線従事者を選任したときは，遅滞なく，その旨を総務大臣に届け出なければならない．これを解任したときも，同様とする．

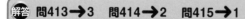

解答 問413→3　問414→2　問415→1

ミニ解説

問 414　（正）免許人は，免許状に記載した事項に変更を生じたときは，その免許状を総務大臣に提出し，訂正を受けなければならない．

問題

問 418

正解 [ ] 完璧 [ ] 直前CHECK [ ]

次の記述は，無線局（登録局を除く．）の廃止等について述べたものである．電波法（第22条から第24条まで及び第78条）の規定に照らし，____内に入れるべき最も適切な字句の組合せを下の1から4までのうちから一つ選べ．

① 免許人（包括免許人を除く．以下同じ．）は，その無線局を ［ A ］ ときは，その旨を総務大臣に届け出なければならない．

② 免許人が無線局を廃止したときは，免許は，その効力を失う．

③ 無線局の免許がその効力を失ったときは，免許人であった者は，［ B ］以内にその免許状を返納しなければならない．

④ 無線局の免許がその効力を失ったときは，免許人であった者は，遅滞なく空中線の撤去その他の総務省令で定める ［ C ］ ために必要な措置を講じなければならない．

	A	B	C
1	廃止する	10日	他の無線局に混信その他の妨害を与えない
2	廃止した	10日	電波の発射を防止する
3	廃止する	1箇月	電波の発射を防止する
4	廃止した	1箇月	他の無線局に混信その他の妨害を与えない

問 419

正解 [ ] 完璧 [ ] 直前CHECK [ ]

次の記述のうち，無線局の検査の結果について総務大臣又は総合通信局長（沖縄総合通信事務所長を含む．）から指示を受け相当な措置をしたときに，免許人が執らなければならない手続きに該当するものはどれか．電波法施行規則（第39条）の規定に照らし，下の1から4までのうちから一つ選べ．

1 その措置の内容を無線局検査結果通知書に記載する．

2 速やかに措置した旨を検査職員に報告し，確認を受ける．

3 速やかにその措置の内容を総務大臣又は総合通信局長に報告する．

4 速やかに措置した旨を総務大臣又は総合通信局長に報告し，再度検査を受ける．

注：**太字**は，ほかの試験問題で穴あきになった用語を示す．

電波法規　書類

問題

問 420   正解 □ 完璧 □ ✐ 直前CHECK □

次の記述は，無線局検査結果通知書等について述べたものである．電波法施行規則（第39条）の規定に照らし，□□内に入れるべき最も適切な字句の組合せを下の1から4までのうちから一つ選べ．

① 総務大臣又は総合通信局長（沖縄総合通信事務所長を含む．以下同じ.）は，電波法第10条（落成後の検査）第1項，第18条（変更検査）第1項又は第73条（検査）第1項本文，同項ただし書の規定による検査を行い又はその職員に行わせたときは，当該 □A□ を電波法施行規則別表第4号に定める様式の無線局検査結果通知書により免許人等 (注) 又は予備免許を受けた者に通知するものとする．

　注　免許人又は登録人をいう．以下③において同じ．

② 総務大臣又は総合通信局長は，電波法第73条（検査）第3項の規定により検査を省略したときは，その旨を電波法施行規則別表第4号の2に定める様式の無線局検査省略通知書により免許人に通知するものとする．

③ 免許人等は，検査の結果について総務大臣又は総合通信局長から □B□ をしたときは，速やかにその措置の内容を総務大臣又は総合通信局長に報告しなければならない．

	A	B
1	検査を実施した無線設備の測定結果	指示を受け相当な措置
2	検査の結果に関する事項	指示を受け相当な措置
3	検査の結果に関する事項	勧告を受けて無線設備の修理又は無線設備の取替えの措置
4	検査を実施した無線設備の測定結果	勧告を受けて無線設備の修理又は無線設備の取替えの措置

解答 問416→2　問417→4　問418→3　問419→3　問420→2

ミニ解説　問416　（正）1箇月以内にその免許状を返納しなければならない．

272

【著者紹介】

吉川忠久 (よしかわ・ただひさ)

　学　歴　東京理科大学物理学科卒業
　職　歴　郵政省関東電気通信監理局
　　　　　日本工学院八王子専門学校
　　　　　中央大学理工学部兼任講師
　　　　　明星大学理工学部非常勤講師

合格精選420題
第一級陸上特殊無線技士　試験問題集　第4集

2020年 4 月20日　第 1 版 1 刷発行　　　ISBN 978-4-501-33390-4 C3055
2022年10月20日　第 1 版 2 刷発行

著　者　吉川忠久
　　　　© Yoshikawa Tadahisa 2020

発行所　学校法人 東京電機大学　〒120-8551　東京都足立区千住旭町 5 番
　　　　東京電機大学出版局　　Tel. 03-5284-5386(営業) 03-5284-5385(編集)
　　　　　　　　　　　　　　　Fax. 03-5284-5387 振替口座 00160-5-71715
　　　　　　　　　　　　　　　https://www.tdupress.jp/

編集:(株)QCQ企画　　キャラクターデザイン:いちはらまなみ
印刷:三美印刷(株)　　製本:誠製本(株)　　装丁:齋藤由美子
落丁・乱丁本はお取り替えいたします。　　　　　　Printed in Japan

陸上無線技術士

1・2陸技 受験教室①
無線工学の基礎　第2版

安達宏司著　　A5判　280頁

「無線工学の基礎」の科目について，各分野のポイントを広範囲の出題に対応できるよう，最近の出題傾向をもとにまとめた。

1・2陸技 受験教室②
無線工学A　第2版

横山重明・吉川忠久著
　　　　　　　A5判　292頁

理論の習得と試験問題において，重要度の高い事項について重点的に解説。新しい技術内容を盛り込み改訂をした。数式の展開もなるべく省略をせずに掲載。

1・2陸技 受験教室③
無線工学B　第2版

吉川忠久著　　A5判　264頁

アンテナや給電線の理論については，公式の展開などに高度な数学的な取り扱いが多いが，試験に必要な重要事項にしぼってまとめてある。

1・2陸技 受験教室④
電波法規　第3版

吉川忠久著　　A5判　216頁

「陸上無線技士」試験の定番書である本書を全面的に見直し近年の試験問題動向に準拠した内容に修正。また過去問題の解説で試験対策の充実を図った。

合格精選340題
第一級 陸上無線技術士 試験問題集
【第3集】

吉川忠久著　　A5判　344頁

一陸技合格のための問題を精選して収録。新しい出題範囲を網羅し，第2集と重複しない問題をセレクト。表ページに問題，裏ページに解答と解説を掲載。

合格精選400題
第二級 陸上無線技術士 試験問題集
【第3集】

吉川忠久著　　A5判　336頁

二陸技合格のための問題を精選して収録。新しい出題範囲を網羅し，第2集と重複しない問題をセレクト。表ページに問題，裏ページに解答と解説を掲載。

合格精選360題
第一級 陸上無線技術士 試験問題集
【第4集】

吉川忠久著　　A5判　360頁

第3集の収録問題と重複しないので，さらに問題を解きたい読者向け。多くの問題を解くことにより，知識を確実なものとすることができる。

合格精選320題
第二級 陸上無線技術士 試験問題集
【第2集】

吉川忠久著　　B6判　312頁

第3集の収録問題と重複しないので，さらに問題を解きたい読者向け。多くの問題を解くことにより，知識を確実なものとすることができる。ポケット版。

＊定価，図書目録のお問い合わせ・ご要望は出版局までお願いいたします。

https://www.tdupress.jp/

DJ-013